# 高空风力发电
# 原创技术策源地

## 伞梯陆基高空风力发电技术

罗必雄　张力　彭开军　编著

SOURCE OF ORIGINAL TECHNOLOGY FOR
## AIRBORNE WIND ENERGY

中国科学技术出版社

·北　京·

**图书在版编目（CIP）数据**

高空风力发电原创技术策源地：伞梯陆基高空风力
发电技术 / 罗必雄，张力，彭开军编著 . -- 北京 : 中
国科学技术出版社，2025. 6. -- ISBN 978-7-5236-1351-
1

Ⅰ . TM614

中国国家版本馆 CIP 数据核字第 20254TA300 号

| | |
|---|---|
| 策划编辑 | 高立波 |
| 责任编辑 | 赵　佳 |
| 封面设计 | 北京潜龙 |
| 正文设计 | 中文天地 |
| 责任校对 | 张晓莉 |
| 责任印制 | 徐　飞 |

| | |
|---|---|
| 出　　版 | 中国科学技术出版社 |
| 发　　行 | 中国科学技术出版社有限公司 |
| 地　　址 | 北京市海淀区中关村南大街 16 号 |
| 邮　　编 | 100081 |
| 发行电话 | 010-62173865 |
| 传　　真 | 010-62173081 |
| 网　　址 | http://www.cspbooks.com.cn |

| | |
|---|---|
| 开　　本 | 787mm×1092mm　1/16 |
| 字　　数 | 260 千字 |
| 印　　张 | 13 |
| 版　　次 | 2025 年 6 月第 1 版 |
| 印　　次 | 2025 年 6 月第 1 次印刷 |
| 印　　刷 | 北京博海升彩色印刷有限公司 |
| 书　　号 | ISBN 978-7-5236-1351-1 / TM·45 |
| 定　　价 | 88.00 元 |

# 本书编委会

| | | | | |
|---|---|---|---|---|
| 罗必雄 | 张　力 | 彭开军 | 田　昕 | 任宗栋 |
| 高传强 | 徐向阳 | 牛小静 | 王　玮 | 董绿荷 |
| 霍少磊 | 魏　远 | 秦　华 | 李晓宇 | 孙衍谦 |
| 杨卧龙 | 朱向东 | 刘海洋 | 段德萱 | 蔡彦枫 |
| 赵晓辉 | 徐　斌 | 杨静静 | 梅　雷 | 徐晓燕 |
| 石　韬 | 邬晓敬 | 罗家元 | 贾涵杰 | 梁　栋 |
| 曹　仑 | 孙　莹 | 田启明 | 冯　斌 | 华　蓁 |
| 蔡　畅 | 李沂洹 | 张　越 | 杨亚军 | 吴　飞 |
| 俞慧敏 | 艾　东 | 张　旭 | 张志鼎 | 马榕池 |
| 史子颉 | 叶鑫玮 | 李乐明 | 付炳喆 | 成幸阳 |
| 吴宽宇 | 谢文杰 | 蔺世杰 | 韩云阳 | |

　　能源是人类赖以生存和发展的重要物质基础，能源绿色低碳发展关乎人类未来。党的十八大以来，我国新型能源体系加快构建，能源保障基础不断夯实，为经济社会发展提供了有力支撑。习近平总书记在 2014 年 6 月 13 日中央财经领导小组第六次会议上提出"四个革命、一个合作"能源安全新战略以来，我国可再生能源发电总装机增长约 3 倍，以年均不到 3% 的能源消费增速支撑了年均超过 6% 的经济增长。习近平总书记在中共中央政治局第十二次集体学习时指出，我国能源发展仍面临需求压力巨大、供给制约较多、绿色低碳转型任务艰巨等一系列挑战，应对这些挑战，出路就是大力发展新能源；同时强调，大力推动我国新能源高质量发展，为共建清洁美丽世界作出更大贡献。党的二十届三中全会审议通过的《中共中央关于进一步全面深化改革、推进中国式现代化的决定》提出推动技术革命性突破，催生新产业、新模式、新动能，发展以高技术、高效能、高质量为特征的生产力，加强前沿引领技术、颠覆性技术创新，完善推动新能源、新材料等战略性产业发展。

　　21 世纪以来，世界能源结构加快调整，应对气候变化开启新征程，《巴黎协定》得到国际社会广泛支持和参与，将焦点集中在风能、太阳能和生物燃料等可再生能源上，以取代或减少化石燃料的使用，以风电、光伏为代表的可再生能源发展迎来新机遇。新能源是以新技术或新材料突破为基础、以清洁低碳为主要特征的能源。积极发展新能源，已成为当今世界各国应对气候变化、推动清洁低碳转型、保障能源安全的普遍选择。虽然可再生能源的发展取得了显著成果，但仍存在极大挑战；同样，作为绿色能源的重要组成部分，可再生能源的发展拥有巨大机遇。我国风电、光伏等可再生能源资源丰富，发展新能源潜力巨大，在应对气候变化和实现可持续发展的背景下，要加大对可再生能源系统的投入和支持力度，推动其在全球范围内的广泛应用和发展，为应对气候变化、促进全球经济复苏、建设清洁美丽世界注入澎湃动力。

相较于海陆风能，高空风能尚属待开发的"无人区"。高空风能具有传统海陆风能无法比拟的显著优势。传统风力发电机组叶轮扫风面积的中心高度限制了机组对风能资源的实际利用高度，且叶轮旋转形式的风能捕获效率存在天然上限。经过十多年的规模化开发，到2025年左右，我国早期安装的风电叶片将陆续进入退役期，风机叶片作为复合材料，回收技术难度大、成本高、经济不友好，会对环境造成一定影响，国内外尚无可规模化的理想回收方式。相比之下，高空风力发电技术通过突破传统的风能利用高度限制，能够更有效地捕获风能资源，稳定、高效的风能捕获形式不断涌现，轻质、高强度的新型材料持续应用，将在今后深刻改变风力发电技术的面貌。高空风力发电具有功率密度大、风向风能平稳、绿色低碳、装备占地面积小、适应性强等特点，能够推动高原、海岛、边防、无人区等地区的能源转型和发展，具有持续开发利用价值。我国高空风能整体储量较为可观，且随着高度提升，风速、风功率密度更为稳定，更利于预测高空风功率以及提升高空风力发电机组的运行效率和发电量。同时，高空风力发电作为风能利用的新形式，在发电过程中不涉及化石燃料燃烧，不产生二氧化碳、甲烷、氧化亚氮等温室气体，能够为减少温室气体排放、保护生态环境、推动绿色低碳发展作出新的贡献，有望在未来成为应对气候变化与清洁能源利用的重要组成部分。高空风力发电技术是面向未来的清洁能源技术，是对未来产业发展的战略布局，随着技术的成熟及普及将加快风电产业迭代，催生"高空经济"，加强高空风能资源的开发与利用，促进全球相关领域产业链升级和社会经济发展。

能源技术革命在能源革命中起决定性作用。伞梯陆基高空风力发电技术聚焦能源关键领域和重大需求，加强关键核心技术联合攻关，大力开发和利用以高空风能为代表的新能源电力，是具有前沿性、引领性的新型、原创风力发电技术，填补了国内外高空风力发电技术空白。通过技术进步破解能源资源约束，为经济社会发展增加新动能。以原理创新为驱动力研发高空风力发电技术，研制新型高效高空风力发电样机及装备；建立大型伞梯式陆基高空风力发电理论体系，提出拥有全自主知识产权的大功率、高效、高可靠高空风力发电一体化解决方案；在大型化、轻量化、安全性等方面具有明显优势，具有全自主知识产权，可实现全设备国产化，处于国际领先水平。伞梯陆基高空风力发电技术的项目应用将形成可复制、可推广的高空风力发电技术方案，首次实现1000米以上高空风能的捕获利用，突破我国可再生能源开发的高度限制，是相关领域的全球首创技术，是面向世界、面向未来的绿色能源，为提升新型风力发电设计创新能力提供科学、技术与工程应用支撑，具有重大的科学技术产业价值及显著的社会、经济效益。

锚定能源产业高水平科技自立自强，伞梯陆基高空风力发电技术运行高度区间大，可实现300~3000米高空风能的利用，是我国高空风能发电技术的首次工程化实践，对推动形成自主可控、国际引领的高空风能发电技术和产业化发展，推进能源领域高水平科技自立自强具有重大意义。秉持人类命运共同体理念，高空风力发电技术的成熟普及能够加速全球能源低碳转型进程，支持不发达、中小岛屿国家等发展中国家应对气候变化挑战。培育具有绿色、低碳、环保动能的新质生产力，是我国确保国家能源安全和实现"双碳"目标的必然选择，也是未来实现更加清洁、高效、可持续的全球能源的必然选择。

据相关研究，地球上的风能足以成为 21 世纪全球经济增长的主要近零排放电力来源，陆上与海上风电的开发潜力约 400 太瓦，而在距地面 500 米至大气平流层底部的高空风能资源超过 1800 太瓦，全球人类每年消耗的一次能源总量约为 18 太瓦，即高空风能的理论储量约是这一需求的 100 倍。高空风能可以让我们过上更环保的生活，而无须减少能源的使用。

21 世纪以来，风力发电在我国得到了跨越式发展，有力支撑了我国能源结构的转型发展。但是，传统陆上与海上风力发电技术受限于高塔筒材料与强度极限、大直径叶片制造与运输限制，无法捕获更高高度的风能资源；同时，现有风力发电机组普遍采用叶轮旋转形式捕获风能，捕获效率通常在 50% 以下，无法突破；退役叶片回收也存在环境不友好、经济不友好、回收难度大、技术要求高等问题。相较于海陆低空风能，高空风能是一种储量丰裕、分布广泛的可再生清洁能源，目前尚未被开发利用。高空风力发电技术是可再生能源技术的新探索、新实践，具有发电时间长、风能捕获稳定、启停调节迅速、地域差异限制小、扩展灵活、噪声污染小、绿色低碳等特点，大规模开发利用潜力巨大。

20 世纪 70 年代，在石油危机的背景下，寻求化石能源的替代能源引起西方各国的关注，开发高空风能资源的理念也应运而生。20 世纪八九十年代，受限于材料、工艺等多方面原因，高空风力发电构想难以转化为具备技术经济性的成套设备，相关研发进入了瓶颈期。进入 21 世纪后，高空风力发电技术研发再度活跃起来，研究团队从欧洲和北美扩展至全球其他地区，研究手段从理论研究逐步走向了数值模拟和试验验证，涉及领域包括空气动力学、飞行控制与监测、并网性能、环境影响等。欧洲还成立了高空风能协会，聚集超过 20 家科技公司和研究机构，定期举办学术会议，主持或参与国际能源署风能技术合作项目、欧盟"地平线欧洲"计划中的子午线项目等，对高空风力发电技术进行宣传和推广，扩大高空风力发电技术在整个新能源行业内的影响力。国内高空风力发电技术的研究起步晚于国外。1989 年，国内期刊首次出现了介绍高空风力发电站设想的文章。1999 年，澳大利亚学者与国内学者合作在中文学术期刊上发表论文，首次向国内介绍了澳大利亚当时正在进行试验的双旋翼型高空风力发电系统。近 10 年来，我国学者陆续提出了无人机型、浮空器型、风筝型的高空风力发电机组概念设计以及相关研究成果，但与国外研究相比仍呈现研究领域窄、成果数量少等不足。

　　国际上可参考的最大功率为美国 Makani 公司研制的样机，功率为 600 千瓦。本书中的伞梯陆基高空风力发电技术研发团队于 2015 年研制的 625 千瓦机组已完成伞梯、地面机械等核心设备的制造，已成功实现放飞并发电，且在安徽绩溪建成了单机 2.4 兆瓦的伞梯式陆基高空风电机组工程示范应用，属国际首次。该项目实现了功率从千瓦到兆瓦机组的跨越，是目前国内唯一高空风力发电项目，也是全球范围内功率等级最大的高空风力发电装备，相关技术已处于国际领先地位，本书是全球首创伞梯陆基高空风力发电技术的第一本技术综述专著。基于前期研发的伞梯式陆基高空风电机组，国家重点研发计划"大型伞梯式陆基高空风力发电关键技术及装备"项目已于 2023 年正式批复立项，伞梯陆基高空风电主要通过飞行组件带动缆绳往复牵引地面发电机转盘旋转，从而产生电能，目前国内外未有相同技术路线的研究问世。为了更好完成项目研究，支撑高空风力发电机组未来大型化、规模化发展，本书旨在探明伞梯式陆基高空风力发电关键技术中的核心原理，催生面向未来能源的技术创新、交叉学科研究和战略性新兴产业，通过新能源领域科技创新，带来全球社会经济发展的原动力。因此，本书能够为相关领域政策制定者、产业从业者和行业研究人员提供全面、系统、专业的高空风力发电领域知识。

回顾全球相关技术发展历程，高空风力发电系统正沿着大容量、经济性、商业化的发展路径快速更新迭代。根据风能捕获与机电能量转化方式的不同，高空风力发电分为陆基和空基两种方式。考虑到装备重量、制造成本等因素约束，陆基高空风力发电在大型化量产上具有一定优势，更容易实现额定功率的提升，有望成为今后高空风力发电技术的主流技术路线。在新型电力系统、新型能源体系建设背景下，该技术的模块化、灵活性等特点，尤为适用于"高海边无"（高原、海岛、边防、无人区）应用场景，并与传统火电、常规风电、光伏等形成有效互补，大型化的实现难度与制造成本均更低，更贴合今后高空风力发电发展中的标准化、工程化要求，具备良好的社会、经济、生态效益。开展新型风力发电技术研究，是积极响应国家《"十四五"可再生能源发展规划》中"加强前瞻性研究，加快可再生能源前沿性、颠覆性开发利用技术攻关"的创新驱动要求。伞梯陆基高空风力发电技术已成为高空风能领域的发展方向之一，并得到了国家政策的大力支持。国家发展和改革委员会、国家能源局印发的《能源技术革命创新行动计划（2016—2030年）》将高空风能发展提上日程，开展大型高空风电机组关键技术研究，将于2030年获得实际应用推广。国家重点研发计划项目"大型伞梯式陆基高空风力发电关键技术及装备"于2023年获批立项，这意味着伞梯陆基高空风力发电技术未来有望在国内得到广泛应用。由此看来，伞梯陆基型技术作为一种新兴的可再生能源技术，具有更高的适应性、广阔的发展前景和巨大的市场潜力，其市场需求主要由能源需求增长、环境保护压力、技术进步和政策支持等因素驱动。希望本书的出版能够推动高空风能技术的创新和进步，以实现高空风能资源的规模化应用和可持续发展，推动我国大规模清洁能源利用，助力全球能源绿色低碳转型和"双碳"目标实现。

本书共有8章，将全面介绍该技术路线与伞梯式高空风力发电系统。每章节各有侧重、层次分明、内容翔实，兼具科学性、创新性与实用性。第1章主要从高空风力发电技术的重要性展开论述，介绍系统组成与分类、当前主要技术路线与特点，回顾相关领域国内外发展历程。第2章聚焦于伞梯陆基高空风力发电技术，系统介绍其基本原理、关键核心技术、发展与应用情况。第3章至第6章详细论述了伞梯陆基高空风力发电技术的捕风装置、空地能量传输系统、高空风电仿真模型、全系统耦合仿真模型、一体化协同设计以及机组运行与控制等具体内容。第7章重点聚焦该项技术的试验应用，介绍了项目背景情况、工程设计、设备设计与制造、建设与调试等内容。第8章从伞梯陆基高空风力发电技术的市场需求、商业应用潜力、商业模式分析、应用场景展望、机遇与技术挑战等方面展开论述。

为了帮助读者了解高空风力发电技术的研究与应用进展，本书由"大型伞梯式陆基高空风力发电关键技术及装备"国家重点研发计划项目负责人牵头编写；编委会成员拥有大气科学、空气动力学、飞行器设计、电气工程、自动化、机械工程、控制科学与工程等学科专业背景；参与本书编写的单位有中国电力工程顾问集团有限公司、西北工业大学、重庆交通大学、清华大学、华北电力大学等国内能源电力领域龙头企业与航空领域的知名高校。

由于本书中所涉及的技术是国际首创的原创性、引领性技术，在编写中难免有不妥和错误之处，殷切希望广大读者和行业领域专家学者批评指正。

# 目 录

CONTENTS

**1 高空风力发电技术背景** **001**

1.1　高空风力发电重要性 / 001

1.1.1　开发优质风能资源 / 001

1.1.2　助力绿色低碳发展 / 005

1.1.3　引领风能技术革命 / 006

1.1.4　带动风电产业升级 / 008

1.2　高空风力发电技术概述 / 009

1.2.1　系统组成与分类 / 009

1.2.2　主要技术路线与特点 / 011

1.3　高空风力发电技术发展历程 / 014

1.3.1　国外发展回顾 / 014

1.3.2　国内发展回顾 / 017

**2 伞梯陆基高空风力发电技术概述** **022**

2.1　基本原理 / 022

2.1.1　系统组成 / 022

2.1.2　运行原理 / 023

2.2　关键技术 / 024

2.3　发展与应用 / 027

**3 高空风能捕获装置与力学原理** **029**

3.1　空中伞梯捕风装置 / 029

3.1.1　捕风装置组成部分 / 029

3.1.2　做功伞 / 030

3.1.3　平衡伞　　　　　　　　　　　　　　　　　　／ 031

3.1.4　浮空气球　　　　　　　　　　　　　　　　　／ 032

3.1.5　缆绳　　　　　　　　　　　　　　　　　　　／ 034

3.2　伞梯风能捕获力学原理及分析方法　　　　　　　　　／ 034

3.2.1　伞梯系统运行风环境特性　　　　　　　　　　／ 035

3.2.2　伞与空气相互作用　　　　　　　　　　　　　／ 036

3.2.3　伞梯捕风力学分析　　　　　　　　　　　　　／ 041

3.2.4　空气动力学分析方法　　　　　　　　　　　　／ 043

3.3　风能捕获能力优化提升技术　　　　　　　　　　　　／ 049

3.3.1　关键因素　　　　　　　　　　　　　　　　　／ 049

3.3.2　优化提升技术　　　　　　　　　　　　　　　／ 051

3.3.3　流动控制技术　　　　　　　　　　　　　　　／ 055


**4　空地能量传输与电能变换　　　　　　　　　　　　060**

4.1　空地能量传输系统　　　　　　　　　　　　　　　　／ 060

4.1.1　传动缆绳　　　　　　　　　　　　　　　　　／ 062

4.1.2　随向顺应机构　　　　　　　　　　　　　　　／ 063

4.1.3　运动转换机构　　　　　　　　　　　　　　　／ 065

4.1.4　电能变换装置　　　　　　　　　　　　　　　／ 067

4.1.5　容绳装置　　　　　　　　　　　　　　　　　／ 070

4.2　空地能量传输与电能变换的损耗分析方法　　　　　　／ 071

4.2.1　绳筒摩擦损耗　　　　　　　　　　　　　　　／ 072

4.2.2　绳索内摩擦损耗　　　　　　　　　　　　　　／ 074

4.2.3　绳索自重损耗　　　　　　　　　　　　　　　／ 075

4.2.4　轴承摩擦损耗　　　　　　　　　　　　　　　／ 076

4.2.5　齿轮传动损耗　　　　　　　　　　　　　　　／ 077

4.2.6　电能变换损耗　　　　　　　　　　　　　　　／ 077

4.3　空地能量传输与电能变换的效率提升方法　　　　　　／ 084

4.3.1　系统构型方案优化　　　　　　　　　　　　　／ 085

4.3.2　部件参数优化　　　　　　　　　　　　　　　／ 085

4.3.3　电机控制算法优化　　　　　　　　　　　　　／ 086

**5** **耦合仿真与一体化协同设计**　　　　　　　　　　**088**

5.1　高空风力发电仿真模型研究综述　　　　　　　　　/ 088

5.2　全系统耦合仿真模型　　　　　　　　　　　　　　/ 093

　　5.2.1　系统整体框架　　　　　　　　　　　　　　/ 094

　　5.2.2　飞行 – 浮空组件　　　　　　　　　　　　　/ 095

　　5.2.3　空地牵引组件　　　　　　　　　　　　　　/ 097

　　5.2.4　地面能量转换组件　　　　　　　　　　　　/ 099

5.3　一体化协同设计　　　　　　　　　　　　　　　　/ 100

　　5.3.1　定功率伞梯组合方案设计　　　　　　　　　/ 101

　　5.3.2　机组空间布局设计　　　　　　　　　　　　/ 102

　　5.3.3　系统运行方案优化设计　　　　　　　　　　/ 103

　　5.3.4　运行安全分析　　　　　　　　　　　　　　/ 104

　　5.3.5　极端天气条件安全分析　　　　　　　　　　/ 105


**6** **机组运行与控制**　　　　　　　　　　　　　　　**110**

6.1　控制系统的结构、组成与功能　　　　　　　　　　/ 110

　　6.1.1　机组控制系统总体结构　　　　　　　　　　/ 110

　　6.1.2　机组控制系统组成与功能　　　　　　　　　/ 111

6.2　运行状态定义与切换控制　　　　　　　　　　　　/ 115

　　6.2.1　运行状态定义　　　　　　　　　　　　　　/ 115

　　6.2.2　运行状态切换　　　　　　　　　　　　　　/ 116

　　6.2.3　典型状态切换过程　　　　　　　　　　　　/ 118

6.3　协调运行与控制策略　　　　　　　　　　　　　　/ 119

　　6.3.1　最大功率运行与发电机控制　　　　　　　　/ 119

　　6.3.2　灵活调节运行与伞体开合控制　　　　　　　/ 126

　　6.3.3　连续发电运行与伞梯群协同控制　　　　　　/ 132

6.4　机组运行要求与原则　　　　　　　　　　　　　　/ 135

　　6.4.1　安全运行基本要求　　　　　　　　　　　　/ 135

　　6.4.2　并网运行基本要求　　　　　　　　　　　　/ 138

　　6.4.3　控制系统设计基本要求　　　　　　　　　　/ 142

**7 绩溪试验项目**     **144**

7.1　项目概述 / 144

  7.1.1　背景 / 144

  7.1.2　总体情况 / 146

7.2　工程设计 / 147

  7.2.1　总平面布置 / 147

  7.2.2　主厂房布置 / 148

  7.2.3　地面辅助设备布置 / 150

7.3　主要设备设计 / 153

  7.3.1　空中系统设备 / 153

  7.3.2　地面主设备 / 155

  7.3.3　地面辅助设备 / 157

7.4　工程建设及测试放飞 / 159

  7.4.1　设备采购 / 159

  7.4.2　土建及安装工程 / 160

  7.4.3　测试放飞试验 / 165

**8 展望**     **171**

8.1　商业化展望 / 171

  8.1.1　市场需求分析 / 172

  8.1.2　商业应用潜力 / 173

  8.1.3　商业模式分析 / 178

8.2　应用展望 / 180

  8.2.1　技术挑战 / 180

  8.2.2　未来发展方向 / 181

8.3　结语 / 188

# 高空风力发电技术背景

## 1.1 高空风力发电重要性

### 1.1.1 开发优质风能资源

作为一种新兴的可再生能源技术，高空风力发电的重要性首先体现在开发高空风能资源上。高空风能（airborne wind energy，AWE）具体指离地面 300 米以上，目前尚未被人类开发利用的中、高空风能。与现有塔架式风力发电机组（wind turbine generator system，WTGS）所利用的 300 米高度以内风能资源相比，高空风能具有储量大、品质好、利用小时数高等特点，是一种应用前景广阔的优质风能资源。

#### 1.1.1.1 高空风能的储量

以风功率密度 $P$ 作为风能储量评估的首要指标，其数学表达式为：

$$P=\frac{1}{2}\rho v^3 \tag{1-1}$$

式中，$\rho$ 表示空气密度；$v$ 表示风速。根据风功率密度的表达式，若风速增加 1 倍，则在空气密度不变的情况下，风功率密度提高至原来的 8 倍。因此高空风能的理论储量远高于近地面。通常来说，风速 $v$ 随着高度升高而增加，虽然空气密度 $\rho$ 有所减小，但风功率密度 $P$ 随高度显著提高的趋势并未更改。

实际的高空风功率密度可以通过高空气象观测以及气象再分析数据进行评估[1]。就全球范围而言，如图 1-1（a）和图 1-1（b）所示，离地高度在 80~500 米时，各地区的风功率密度随高度升高而迅速增加，全球平均的风功率密度每升高 100 米时可增加 250 瓦 / 米²。在 500~2000 米时，风功率密度相对稳定；以 1000 米为例，全球范围内的风功率密度中位数为 422 瓦 / 米²，高值区分布在南大洋、北大西洋、北太平洋和加勒比海上；由于地表摩擦和陆地地形的影响依然明显，陆地上空的风功率密度普遍低于

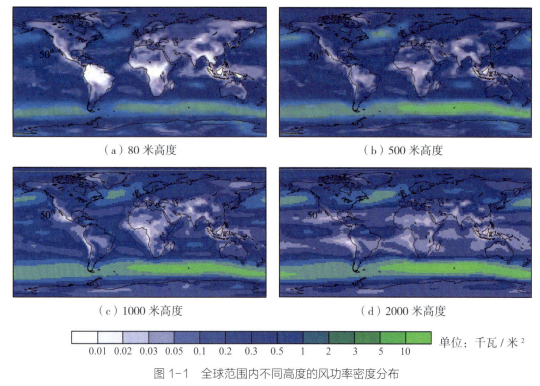

（a）80 米高度

（b）500 米高度

（c）1000 米高度

（d）2000 米高度

| | | | | | | | | | | | | |
|---|---|---|---|---|---|---|---|---|---|---|---|---|
| 0.01 | 0.02 | 0.03 | 0.05 | 0.1 | 0.2 | 0.3 | 0.5 | 1 | 2 | 3 | 5 | 10 |

单位：千瓦 / 米 $^2$

图 1-1　全球范围内不同高度的风功率密度分布

注：引自 *Atlas of high altitude wind power* 的图 1.1、图 1.2、图 1.4 和图 1.6，图中的 50th 表示中位数，

文件来自：http://www.mdpi.com/1996-1073/2/2/307/s1

海面上空，高值区出现在南美洲的南端，其次是非洲之角和南美洲西部，如图 1-1（c）所示。到达 2000 米以上时，风功率密度随高度持续增加直至对流层顶，如图 1-1（d）所示。

　　基于气象再分析数据的评估表明，对于我国来说，离地高度在 500~3000 米时，全国陆地上空的风功率密度随着高度升高持续增加[2]。将全国（不包括港澳台地区）分为东北、华北、西北、华东、中南、西南和新疆七个区域进行对比，如表 1-1 所示。东北区域在 500 米、1000 米、2000 米高度的风功率密度均高于其他区域，达到全国范围内平均值的 1.74~2.06 倍，是全国范围内高空风能资源最丰富的区域。华北和西北区域在 1000 米以上的风功率密度开始超过全国均值，高空风能储量也较为可观。

### 1.1.1.2　高空风能的时间变化

　　根据风功率密度的定义，风功率密度和风速的时间变化保持一致。风速在任意时间尺度上的变化都会传导至风功率密度上，因而可以用风速的季节变化和日内变化特征来评估风能的时间变化。一般而言，风速的季节变化与太阳直射点的变动、天气系统的季

表1-1 国内不同区域的高空风功率密度对比 （单位：瓦/米²）

| 区域 | 风功率密度 | | | |
| --- | --- | --- | --- | --- |
| | 500 米 | 1000 米 | 2000 米 | 3000 米 |
| 东北 | 693 | 794 | 910 | 1356 |
| 华北 | 310 | 439 | 578 | 992 |
| 西北 | 275 | 350 | 584 | 1156 |
| 华东 | 327 | 333 | 400 | 779 |
| 中南 | 287 | 329 | 355 | 574 |
| 西南 | 145 | 330 | 643 | 1534 |
| 新疆 | 316 | 246 | 192 | 383 |
| 平均 | 336 | 403 | 523 | 968 |

注：表中东北区域包括黑龙江、辽宁、吉林、内蒙古东部；华北区域包括北京、天津、河北、河南、山西、山东；西北区域包括陕西、宁夏、甘肃、青海、内蒙古西部；华东区域包括安徽、江苏、江西、上海、浙江、福建；中南区域包括湖北、湖南、广东、广西、海南；西南区域包括四川、重庆、云南、贵州、西藏。

节性调整、季风环流转换直接相关。风速的日内变化则由太阳辐射、地表加热、局地环流、边界层湍流活动等因素共同决定。

就我国而言，不同区域的风速季节变化特征差异明显。同样利用气象再分析数据进行分析，如图1-2（a）所示，500米高度时，东北和华北区域的风速变化曲线呈现典型的"双峰型"，峰值出现在每年4月和12月，谷值出现在8月；西南和新疆区域为典型的"单峰型"，西南区域冬半年风速高，夏半年风速低，峰、谷值分别出现在2月和8月，新疆区域则大致相反；其余区域的风速季节变化幅度较小，变化曲线形态不明显。随着高度上升，各个区域冬半年的风速增长快于夏半年，则各个区域的风速季节差异有所增大；但不同区域之间的季节变化形态逐渐趋同，升至3000米高度时，如图1-2（c）所示，全国范围内均大致呈现冬半年风速高、夏半年风速低的"单峰型"曲线，峰值出现在12月至次年2月，谷值出现在每年7—8月。风功率密度的季节变化特征与风速基本一致。与此同时，风速、风功率密度的日内变化也随着高度升高而趋于减弱。如图1-2（b）所示，500米高度时，受边界层动力、热力效应影响，一日内风速的"昼低夜高"特征仍较为明显，不同区域之间也存在差异；但随着高度上升，风速的日内变化幅度逐渐降低，区域之间的差异也在缩小；升至3000米时，如图1-2（d）所示，各区域的变化曲线形态已趋于一致，风速的日内变幅已小于5%。风功率密度的日内变化特征与风速基本一致。一般而言，随着高度升高，风速、风功率密度变得更为稳定，更有利于预测高空风功率以及提升高空风力发电机组的运行效率和发电量。

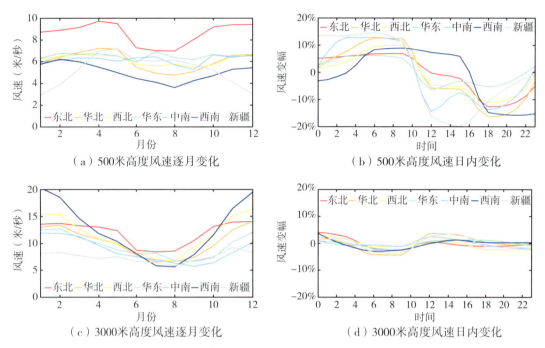

（a）500米高度风速逐月变化       （b）500米高度风速日内变化

（c）3000米高度风速逐月变化       （d）3000米高度风速日内变化

图 1-2   高空风资源的季节变化与日内变化对比

### 1.1.1.3  高空风能的发电时间

高空风能所具有的风速高、日内变化小等特点，将使高空风力发电系统（airborne wind energy system，AWES）具有比传统风力发电机组更长、更连续的发电时间，从而更高效地转换风能为电能。常以年等效利用小时数，即风力发电机组在全年的实际发电量与其额定功率的比值作为衡量风力发电效率的重要指标。根据德国一家咨询机构的研究，当在西欧开发陆地高空风能时，以 EnerKite 公司的 EK200 型高空风力发电系统进行测算[1]，德国大部分地区的年等效满发小时数在 5200 小时以上，容量系数（年等效满发小时数与全年小时数之比）超过 60%，而荷兰全境的容量系数甚至在 75% 以上，远高于德国陆上风力发电机组的平均容量系数 18.3%。

另一项研究显示[3]，利用运行高度为 200~500 米的 500 千瓦高空风力发电系统开发黑海西侧海域的海上高空风能时，年利用小时数接近 4000 小时；以轮毂高度为 100 米的传统风力发电机组测算，相同海域的容量系数同比低 5%~10%。

随着高空风力发电技术的进步，高空风力发电机组的建设成本有望持续下降至与传统风力发电机组相当的水平，开发相同容量的高空风能则预期形成远超近地面风能的发电效益，从而成为具有足够竞争力的优质能源。

## 1.1.2 助力绿色低碳发展

高空风力发电可以被视为助力绿色低碳发展的新形式之一。虽然高空风力发电系统仍处于发展阶段，但已经在重点技术领域中取得突破，并且在全球范围内开始技术验证和应用示范。随着技术进步和大规模工程应用，高空风力发电有望在未来成为清洁能源利用的重要组成部分，为减少温室气体排放、保护生态环境、促进可持续发展作出贡献。

### 1.1.2.1 高空风力发电与温室气体排放

政府间气候变化专门委员会（Intergovernmental Panel on Climate Change，IPCC）发布的《气候变化 2021：自然科学基础》已明确指出，工业革命以来，人类活动造成了温室气体浓度的增加，并且已经导致大气、海洋和陆地变暖。若不加以干预，在高和很高的温室气体排放情景下，21 世纪的全球升温将超过 2℃，并对气候系统产生长期、不可逆的影响[4]。在人类的各项生产、生活活动中，能源的生产和消费通常伴随着温室气体的排放，其中又以煤、石油、天然气等燃料开发和燃烧过程最为显著。根据国际能源署（International Energy Agency，IEA）的统计数据[5]，近 50 年来，全球因化石燃料燃烧导致的二氧化碳排放量由 100 多亿吨上升至 300 多亿吨。

高空风力发电作为风力发电的新形式，同样也是一种绿色清洁能源。高空风力发电系统在发电过程中不涉及化石燃料燃烧，因此不会产生二氧化碳、甲烷、氧化亚氮等温室气体。随着高空风力发电与其他形式的风力发电，以及光伏发电的大规模应用，可以显著降低能源供给过程中的温室气体排放量。通过持续使用风能、太阳能替代化石燃料，高空风能将携手其他新能源改善现有的能源结构，以能源领域减排的实际行动应对全球气候变化的挑战。

### 1.1.2.2 高空风力发电与生态环境保护

生态环境保护也是高空风力发电技术发展的重要驱动力。相较于传统风力发电技术，高空风力发电由于其高度优势，可以减少对地面植被和野生动物栖息地的干扰，从而降低对地面生态系统的负面影响。此外，高空风力发电系统在运行时远离地面，不会形成现有风力发电机组因叶轮持续旋转导致的光影污染，同时产生的噪声对周围环境和居民的影响更小，更具环境友好性。高空风力发电具有更高的稳定性，有助于提供更可靠的清洁能源，减少对化石燃料的依赖，从而减少温室气体排放，对生态环境产生积极影响。

### 1.1.2.3　高空风力发电与可持续发展

传统风力发电机组由于采用塔架形式，在建造、施工环节需要消耗大量的钢铁、水泥等基建原材料。相比而言，高空风力发电系统利用系留缆绳代替大型塔架支撑结构，可以显著减轻结构重量。以 600 千瓦的美国谷歌 Makani 高空风力发电系统[6]为例，飞行器连同机载设备、缆绳合计重量约 2 吨；相同额定功率的传统风力发电机组的总重量则高达 50~100 吨，超出一个数量级。因此，高空风力发电形式在建造、施工阶段对资源的消耗量少，更为绿色低碳。此外，高空风力发电系统不需要承受与叶片旋转相关的弯矩，其悬浮于空中的飞行器可以设计得更轻，只需要传统风力发电机组叶片材料的 1%~10%[1]，因此更符合可持续发展的要求。

2020 年，国际能源署风能技术发展和全球部署合作计划的一次技术会议上，相关专家对高空风力发电技术进行过总结和展望[7]：高空风力发电技术因其资源的可用性和对材料的节省，有潜力成为开发成本最低的能源形式之一。将高空风力发电技术与其他可再生能源技术结合起来，有助于向完全可再生能源系统加速转变。

## 1.1.3　引领风能技术革命

高空风力发电正在推动风能利用领域的技术革命。通过突破传统的风能利用高度限制，高空风力发电技术能够更有效地捕获风能资源。此外，稳定、高效的风能捕获形式不断涌现，轻质、高强度的新型材料持续应用，均将在今后深刻改变风力发电技术的面貌。

### 1.1.3.1　突破轮毂高度限制

传统风力发电机组叶轮扫风面积的中心高度，即轮毂高度决定了机组对风能资源的实际利用高度。通常随着叶片长度的增长和轮毂高度的提升，机组叶轮范围内可捕获的风资源也同步增加。因此随着对风能资源更高效利用的追求以及风力发电机组叶片大型化技术的进步，轮毂高度也呈现逐年增长的态势。根据市场调研，2023 年全球新增风电机组的平均轮毂高度为 120 米，其中，欧洲地区的平均值达到 130 米，美国为 115 米，中国为 109 米。据预测，2030 年全球新增风电机组的平均轮毂高度有望达到 150 米。但需要指出的是，轮毂高度的增加也意味着塔架等风力发电机组支撑结构和下部基础的初始投资增加。

相比而言，高空风力发电技术利用飞行器和缆绳取代传统风力发电机组的叶轮和支撑塔架，因此可以突破现有轮毂高度的限制。目前，各类型高空风力发电系统的运行高度在 200~800 米不等，而随着轻质高强度缆绳技术的进一步发展，今后的高空风力发电系统运行高度有望达到离地数千米的中、高空，从而极大扩展了风能利用的高度范围。

### 1.1.3.2 创新风能捕获形式

现有风力发电机组普遍采用叶轮旋转形式捕获风能，则风能捕获效率存在天然上限，即贝茨极限（Betz's limit）。根据德国物理学家阿尔贝特·贝茨（Albert Betz）于 1919 年提出的理论，理想情况下风力发电机组从风中提取能量的最大效率不超过 59.3%。实际情况下，风力发电机组叶片的风能捕获效率通常在 50% 以下。而大部分高空风力发电系统不再依赖叶轮形式捕获风能（见 1.2 节），因此可以在创新风能捕获理论与提高实际捕获效率等方面开辟出新道路。

伞梯陆基高空风力发电技术提出了一种新颖的风能捕获形式[8]，利用伞形捕风装置的串行布置，间接增加捕风截面，相比现有各类风力发电技术具有连续多次捕获风能的特色，创新了风能捕获机制。相关研究表明，风能捕获效率与做功伞的气动外形、相邻做功伞的开闭状态、间距等因素密切相关；随着伞梯中做功伞数量增加，总的风能捕获效率逐渐增大，但呈现非线性的变化趋势。因此，设计更优化的做功伞外形、更科学的伞梯间距，是该类高空风力发电技术不断提高实际风能捕获效率的重要研究方向。

采用滑翔机或翼伞作为飞行器的高空风力发电技术提出了另一类极富特色的风能捕获方式，即切风模式[9]。滑翔机或翼伞等具有一定气动外形的飞行器在缆绳的约束下，在下风区沿圆周或"8"字形轨迹进行可控的无动力飞行，飞行轨迹平面与风向接近垂直，好像直接"切断"了水平气流的流线，因此称为"切风"。在切风模式下，由于飞行器相对于水平气流出现周期性的相对运动，飞行器表面的来流速度远大于风速，从而增大了捕获的风功率密度。已有研究表明，切风模式下捕获的风能比非切风模式高 2~3 倍。因此，研究切风模式下飞行器气动外形的优化与姿态控制，成为这一类高空风力发电技术提升实际风能利用效率的有效手段。

### 1.1.3.3 不断应用新型材料

一方面，对于高空风力发电系统来说，缆绳是连接飞行器和地面装置的关键部件，承担着控制飞行器运行高度、维持飞行姿态，以及在空地之间传递力和能量的双重任务。可以说，缆绳材料的选型是高空风力发电从设想变成现实的关键因素。为了实现既定功能，高空风力发电系统的缆绳需要采用轻质、高强度的新型材料。超高分子量聚乙烯（ultra-high mole-cular weight polyethylene，UHMWPE）纤维在国防装备、航空工业、海洋工程等领域有着广泛应用。以其中最为著名的超高分子量聚乙烯纤维[10]为例，该型纤维密度小，能漂浮于水面，质量小，比同等直径的钢丝缆绳轻 87.5%；强度是碳纤维材质的 2~3 倍、标准钢的 15 倍；并且耐化学腐蚀、耐紫外线、耐磨，材料性能优异，因此成为高空风力发电系统缆绳制造的首选材料。目前，基于超高分子量聚乙烯纤维的缆绳已经能够配套 1~2 兆瓦的高空风力发电系统，并且成功完成了放飞、回收和发电试验。而随着材料性能的提升以及缆绳编制工艺的优化，未来的高空风力发电系统有望进一步跃上 5~10 兆瓦的台阶。

另一方面，飞行器是高空风力发电系统捕获高空风能的重要载体。由于高空风力发电系统运行于空中，与传统风力发电机组的叶片相比，飞行器的工作环境更为特殊，需要承受低空气密度、低温、低压、强风、强辐射的恶劣气象条件，因此需要强度高、质量轻、耐候性好的新型材料。对于无人机型飞行器，如荷兰 Ampyx Power 公司的双机身型无人机高空风力发电系统 AP3，其机翼采用了碳纤维主梁设计方案[11]，借助碳纤维复合材料的高强度、高模量特性，可以承受 8 倍于机体自身重量的风载荷，为该型系统在切风模式下成功实现风能捕获奠定了坚实基础。原来在滑翔伞、降落伞、大型气艇制作上广泛应用的聚酰胺纤维等纺织材料也被引入高空风能领域，凭借低透气性、抗皱折、易于修补等性能[12]，充当伞型飞行器以及浮空器的表面材料。

## 1.1.4 带动风电产业升级

高空风力发电技术的发展，还将带动风电产业的整体升级。设备制造业将受益于高空风力发电设备的需求增长，推动相关产品和工艺的创新。勘察设计和工程建设领域也将随着高空风力发电项目的实施而获得新的发展机遇。

### 1.1.4.1 设备制造新需求

高空风力发电技术的发展需要建立相应的供应链和服务体系，这为材料制造、机械加工、物流运输等产业提供了新的增长点。高空风力发电技术的应用将催生包括对无人机、特种伞、大型卷扬机等空中组件或地面组件，以及相关配套的传感器、空地通信、主/辅控制、储能等设备的新需求，并推动相关领域设备制造商提升精密加工、质量控制和批量生产等方面的能力。另外，高空风力发电技术的商业化和规模化应用，将为设备制造业带来广阔的市场空间和增长潜力，同时也要求制造商不断创新和提升自身竞争力，以适应行业发展的新趋势。随着技术的成熟和成本的降低，高空风力发电设备制造商还有机会拓展国际市场，参与全球高空风电产业的竞争和合作。

### 1.1.4.2 勘察设计新机遇

高空风力发电技术为勘察设计领域带来一系列新的机遇和挑战。高空风力发电技术的工程化实施需要综合考虑高空风能资源、气象灾害、空域审批、地形地貌、环境影响、交通运输、防洪排涝等多种因素与风险识别[13]，因此勘察设计单位需要借助地理信息系统开发数字化的选址软件工具，并利用激光测风雷达、风廓线雷达等遥测设备开展高空风资源观测与精细化评估[14]，支撑高空风力发电项目的工程规划和可行性研究。

在工程设计上，需要引入模块化设计思想和一体化协同设计理论，将高空风力发电系统分解为多个模块进行标准化设计，借助计算机辅助设计、数字孪生等智能化设计工具，结合外部环境条件和工程建设条件，实现系统设备与工程设施之间的有机结合。另外，随着高空风力发电技术的成熟，相关的勘察设计标准和规范需要不断更新，包括规划报告编制规程、可行性研究报告编制规程、工程设计规范等，以适应新技术的发展趋势。

### 1.1.4.3 电力工程新基建

高空风力发电技术的引入为工程建设企业带来了新的发展机遇。2024 年，中国能源建设股份有限公司（以下简称"中国能建"）投资、建设的安徽绩溪高空风能发电新技术示范项目成功发电，成为我国首个可并网的兆瓦级高空风能发电示范项目[15]，同时也是高空风力发电工程建设的一个里程碑。由于高空风力发电系统既有空中组件，也有地面组件，对施工技术与施工过程中的安全性保障提出了新的要求，施工企业需要掌握新的施工工艺，制定更为严格的安全规程和操作标准，以适应高空风力发电系统的特殊需求。另外，在建设过程中可以利用智能化施工技术，如无人机巡查、机器人焊接等，提高施工精度和效率。通过技术创新和风险管控，工程建设企业可以提升自身的竞争力，抓住高空风力发电产业发展的机遇。

## 1.2 高空风力发电技术概述

近年来，随着材料技术、无人驾驶飞行器技术、轻量化电力系统技术的发展，高空风力发电的技术瓶颈被打破，实用价值逐步凸显，在国际上引起了广泛关注。目前，全球范围内从事高空风力发电技术研发的科研机构和商业公司超过百家，开发了多型样机和示范项目，该领域的论文、专著、专利数量也逐年递增。

### 1.2.1 系统组成与分类

作为高空风力发电技术的实现载体，高空风力发电系统一般由飞行器、发电装置、缆绳和地面设施四部分组成[16]，如图 1-3 所示。飞行器的主要作用是实现空中风能的捕获，有无人机、风筝、浮空器等不同形式。发电装置的主要作用是将风能转化为电能，类似于传统风力发电机组中的发电机，既可以搭载在飞行器上，也可放置在地面设施内。缆绳主要起系统连接和能量传递的作用，即将飞行器和地面设施连接起来：一方面约束飞行器的运行高度范围，参与飞行器的姿态控制；另一方面将飞行器捕获的风能或发电装置发出的电能传递至地面设施。地面设施则主要负责缆绳的收放与电力的输出，兼顾整个系统的监控、运维和并网。

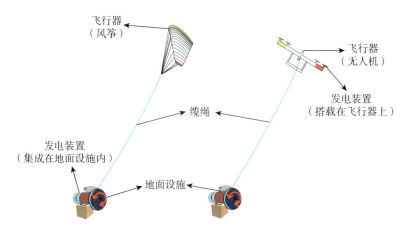

图 1-3　高空风力发电系统的组成示意图

　　高空风力发电系统可以根据飞行器和发电装置的不同进行分类，如图 1-4 所示。按照飞行器类型，可以分为无人机型、风筝型、浮空器型，其中的无人机型可进一步分为固定翼型、多旋翼型；风筝型又可分为刚性翼型、半刚性翼型、柔性翼型、降落伞型等。按照飞行器的飞行方式，可以分为切风型、非切风型和混合型，而按照发电装置的所在位置，可以分为空基型和陆基型，即发电装置搭载在飞行器上称为空基型，搭载在地面设施中称为陆基型；其中，陆基型可进一步根据地面设施的状态分为固定型和移动型等。

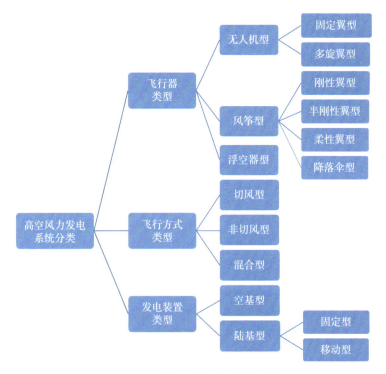

图 1-4　高空风力发电系统的分类

### 1.2.2 主要技术路线与特点

高空风力发电系统的技术路线与飞行器的飞行方式密切相关，接下来对切风型、非切风型、混合型三类不同的技术形式分别进行论述和对比。

#### 1.2.2.1 切风型

切风型系统的受力特征如下：飞行器具有一定的气动外形，在气流经过时产生升力，与此同时还受到空气阻力、缆绳拉力和自身重力的影响。当风形成的升力足以克服其他力时，飞行器则可以在空中飞行，并且在缆绳的牵引作用下维持"8"字形或圆形的轨迹。飞行器通常被设计成具有高升阻比的外形，因此可以生成能够克服其他作用力的足够升力，从而带动缆绳上升或者在来回飞行中得到加速，实现风能捕获和做功。

如图 1-5 所示，当切风型系统的发电装置位于地面时，通常利用翼伞、滑翔机等飞行器，凭借自身的气动外形以"8"字形轨迹的切风模式捕获风能，在此过程中飞行器逐渐上升拉动缆绳，随着缆绳释放和移动，拉力向下传递至地面并带动发电机转动发电，实现风能向电能的转化；当飞行器上升到最高运行高度后，地面卷扬机回收缆绳，并将飞行器下降至初始位置，开始下一次做功过程。

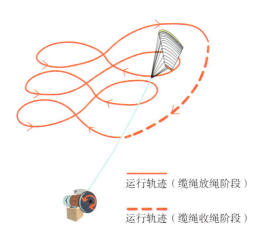

运行轨迹（缆绳放绳阶段）

运行轨迹（缆绳收绳阶段）

图 1-5　发电装置位于地面的切风型系统示意图

如图 1-6 所示，当切风型系统的发电装置位于空中，即利用螺旋桨式发电机放置在滑翔机等飞行器上，以圆形轨迹的切风模式来回飞行，气流以高于实际风速的相对速度被螺旋桨式发电机捕获并发电，实现风能向电能的转化，再将所发出的电能通过缆绳中的电缆传递至地面。

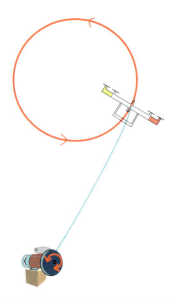

图 1-6　发电装置位于空中的切风型系统示意图

### 1.2.2.2　非切风型

非切风型系统的受力特征显著区别于切风型系统，主要表现为升力来源变为大型飞艇或气球，即利用空气浮力与空气阻力、缆绳的拉力和自身的重力相平衡，从而使飞行器悬浮在空中。这一形式的非切风型系统通常将发电装置放于空中，即在浮空器上搭载螺旋桨式发电机或基于马格努斯效应的发电机，捕获实际风速下的气流并发电，实现风能向电能的转化，再将所发出的电能通过缆绳中的电缆传递至地面，如图 1-7 所示。

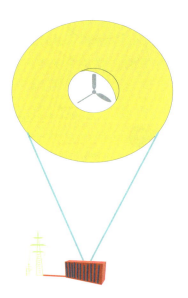

图 1-7　非切风型系统示意图

#### 1.2.2.3 混合型

还有一类系统兼具切风型和非切风型技术路线的特点，即 1.1.3 小节提及的伞梯型系统。该型系统在空中的运行轨迹为上下往复型，即采用浮空器（氦气球）和做功伞的组合形式作为飞行器，利用浮空器的空气浮力作为初始升力，带动缆绳和串接在缆绳上的做功伞升空；待做功伞在空中被气流吹开后，再利用做功伞的气动升力拉动缆绳上升，在缆绳上形成向下传递的拉力，带动地面的发电机转动发电，实现风能向电能的转化；当伞梯升到最高运行高度后，地面卷扬机回收缆绳，并将伞梯下降至初始位置，开始下一次做功过程，如图 1-8 所示。

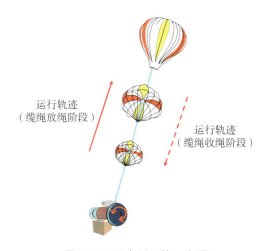

运行轨迹
（缆绳放绳阶段）

运行轨迹
（缆绳收绳阶段）

图 1-8 混合型系统示意图

#### 1.2.2.4 不同技术路线对比

以输出功率为例，各类风力发电系统的输出功率 $P_o$ 可以用相同的数学表达式表示：

$$P_o = \frac{1}{2}\rho v^3 A C_w \qquad (1-2)$$

式中，$\rho$ 表示空气密度；$v$ 表示风速；$A$ 表示捕风截面面积；$C_w$ 表示风能捕获和发电的综合效率。可以看到，输出功率由风力发电系统捕风截面内的风功率密度总量和系统整体效率共同决定；在相同的风资源条件下，系统输出功率随着捕风截面 $A$ 和综合效率 $C_w$ 增大而增加。切风型系统通常采用大型滑翔机或大型风筝作为捕风装置，目前用于高空风力发电的滑翔机翼展大致在 12~28 米，风筝面积大致在 60~90 平方米，则输出功率等级大致在数百千瓦量级，将来有望发展至兆瓦级别。非切风型系统通常采用与传统风力发电机组类似的叶轮作为捕风装置，由于空中捕风叶轮在体积和重量方面存在天然限制，目前该型系统的输出功率等级同为数百千瓦量级。混合型系统通过降落伞形式的捕风装置多次捕获风能，实际捕风截面面积大于其他系统，目前该型系统的输出功率等级可达 1~2 兆瓦。

就运行高度而言，随着飞行器飞行高度的增加，悬浮在空中的缆绳长度和缆绳自重同步增加。受限于现有尺寸的飞行器所能提供的升力以及缆绳自身重量的限制，现有切风型和非切风型系统分别运行在 200~800 米和 200~500 米高度。混合型系统通过在缆绳顶端设置氦气球形式的浮空器提供浮力，以及随着做功伞在空中展开提供额外的升力，可以平衡更大的缆绳自重，从而支持更高的运行高度，现有伞梯陆基型系统的最高运行高度可以达到离地 3000 米。

在发电连续性与系统控制方面，切风型系统和混合型系统由于存在周期性的圆周或上下往复运动，单个系统输出功率具有天然的间歇性，即在一定时间内，发电时段和耗电时段交替出现。因此，从平衡输出功率的角度出发，需要多组系统同时运行，从而消除输出功率为零的时段。为此，切风型系统和混合型系统需要紧密的飞行器控制技术以及多组系统之间协同运行的方案设计。而非切风型系统的发电过程更接近传统风力发电机组，发电连续性更好；同时，浮空器悬浮于空中，无须频繁变动方位和高度，飞行控制难度也更低。

综上所述，就输出功率、运行高度、发电连续性和系统控制等方面对三种技术路线进行对比，如表 1-2 所示。

表 1-2　高空风力发电不同技术路线对比

| 对比指标 | 切风型 | 非切风型 | 混合型 |
| --- | --- | --- | --- |
| 输出功率 | 现状：千瓦级<br>发展趋势：1~2 兆瓦 | 现状：千瓦级<br>发展趋势：1~2 兆瓦 | 现状：兆瓦级<br>发展趋势：5~10 兆瓦 |
| 运行高度 | 200~800 米 | 200~500 米 | 300~3000 米 |
| 发电连续性 | 不连续 | 连续 | 不连续 |
| 系统控制 | 复杂 | 简单 | 复杂 |

# 1.3　高空风力发电技术发展历程

## 1.3.1　国外发展回顾

20 世纪 70 年代，在石油危机的背景下，寻求化石能源的替代能源引起西方各国的关注，开发高空风能资源的理念也应运而生。1976 年，美国加州大学圣巴巴拉分校的

Manalis 提出在通信飞艇上搭载风力发电机，利用高空风能为飞艇供电的构想[17]。1979年，澳大利亚悉尼大学的 Fletcher 和 Roberts 研究了利用高空急流发电的可行性，并提出浮空型风力发电机组设计的关键因素[18]。1980 年，美国劳伦斯利弗莫尔国家实验室的 Loyd 研究了利用切风型飞行方式捕获风能发电的潜力[19]，并提出了相应的运动方程，对后续各切风型高空风力发电系统的研发奠定了基础。20 世纪八九十年代，受限于材料、工艺等多方面原因，高空风力发电构想难以转化为具备技术经济性的成套设备，相关研发进入瓶颈期。

进入 21 世纪后，高空风力发电技术研发再度活跃起来，研究团队从欧洲和北美扩展至其他地方，论文、专著、专利等研究成果数量持续增长，涉及领域包括空气动力学、飞行控制与监测、并网性能、环境影响等[20-26]。在此期间，欧洲还成立了高空风能协会（Airborne Wind Europe）[27]，聚焦超过 20 家科技公司和研究机构，定期举办学术会议，如成功举办 10 届的欧洲高空风能国际会议（Airborne Wind Energy Conference）；主持或参与国际风能研究项目，如国际能源署风能技术合作项目（International Energy Agency Wind Technology Collaboration Programme，IEA Wind TCP）Task 48[28]、欧盟"地平线欧洲"计划中的子午线项目（Meridional）[29]等；通过聚集全球高空风能领域的专家学者，对高空风力发电技术进行宣传和推广，扩大高空风力发电技术在整个新能源行业内的影响力。

近 20 年来，全世界范围内陆续涌现一批科技公司，遵循切风型或非切风型技术路线开发了形态各异的原型系统或验证系统。就陆基切风型技术路线而言，意大利 KiteGen 公司[30]于 2006 年开发了原型机 KSU，飞行器为半刚性翼型风筝，并完成 800 米高度的放飞测试，峰值输出功率 40 千瓦，如图 1-9（a）所示。随后，该公司完成了 3 兆瓦级别系统 KiteGen Stem 的设计工作，正在寻求工程样机的安装和测试。德国 EnerKite 公司[31]于 2010 年开发了 EK 系列原型机，飞行器为刚性翼型风筝，随后于 2013 年完成了 72 小时的自主飞行测试，目前有三个不同型号（EK100、EK500 和 EK2M）的设计方案，输出功率在 100 千瓦至 2 兆瓦，如图 1-9（b）所示。荷兰 Kitepower 公司[32]于 2016 年提出了半刚性翼型风筝的地基型高空风力发电系统方案，并于 2024 年向市场交付了第一套完整设备，命名为"老鹰"，输出功率 40 千瓦，飞行高度 350 米，如图 1-9（c）所示。

就空基切风型技术路线而言，美国 Makani Power 公司基于 Loyd 的构想，于 2010 年研制了飞行器为无人滑翔机的空基型高空风力发电系统原型机，采用切风型飞行方式，螺旋桨式发电机加装在机翼两侧；随后该公司又设计了 600 千瓦级别的大型滑翔机系统 M600，如图 1-9（d）所示。M600 翼展达到 28 米，搭载 8 台 5 桨叶型发电机，并完成实际放飞测试。荷兰 Ampyx Power 公司[33] 采用类似 Makani Power 公司的技术路线，设计了双机身型无人机型系统 AP3，如图 1-9（e）所示。AP3 于 2020 年成功进行了试飞，输出功率 150 千瓦，运行高度 200~450 米。

就非切风型技术路线而言，加拿大 Magenn Power 公司[34] 于 2008 年提出了一款空基型高空风力发电系统原型方案 MARS，如图 1-9（f）所示。浮空器为大型气球，Savonius 式风力发电机搭载在气球上升至 200~300 米高空，利用马格努斯效应发电，输出功率在 0.8~1.6 兆瓦。美国 Altaeros Energies 公司[35] 于 2010 年开发了一款环形气艇形式的空基型高空风力发电系统，风力发电机组位于浮空器中间的涵道内，运行高度可达 300~600 米，如图 1-9（g）所示。

（a）KiteGen 公司 KSU

图片来源：http://www.kitegen.com/en/it/wp-content/uploads/ala_arco.jpg

（b）EnerKite 公司刚性翼型风筝

图片来源：https://i-magazin.com/wp-content/uploads/2023/03/EK_16-scaled.jpg

（c）Kitepower 公司半刚性翼型风筝

图片来源：https://www.innovationquarter.nl/wp-content/uploads/sites/9/2021/06/Close-up-of-Kitepowers-60m%C2%B2-AWE-kite-during-operation-in-Melissant-1-1500x993.jpg

（d）Makani Power 公司 M600

图片来源：https://filelist.tudelft.nl/News/2020/10_Oktober/
makani1.jpg

（e）Ampyx Power 公司 AP3

图片来源：https://images.ctfassets.net/q2hzfkp3j57e/5mUIIKra
YSNtByuKiFAr9m/ff267c2d3fc83445727f0572a15f1abb/AP3_
in_hangar.webp?w=4000&q=70

（f）Magenn Power 公司 MARS

图片来源：https://www.thenakedscientists.com/sites/
default/files/media/VirginiaGround_4Apr08.JPG

（g）Altaeros Energies 公司环形气艇形式

图片来源：https://media.wired.co.uk/photos/606db0b4751e
a43ccd989332/16:9/w_2560%2Cc_limit/altaeros.png

图 1-9　典型高空风力发电系统示意图

### 1.3.2　国内发展回顾

国内高空风力发电技术的研究起步晚于国外。1989 年，国内期刊首次出现了介绍高空风力发电站设想的文章。1999 年，澳大利亚学者与国内学者合作在中文学术期刊上发表论文[36]，首次向国内介绍了澳大利亚当时正在进行试验的双旋翼型高空风力发电系统。

进入 21 世纪，随着国外高空风力发电技术研究的再度兴起，国内出现了一批高空风力发电技术的科普性文章[37-40]，相关概念逐渐被大家熟知。近 10 年来，我国学者陆续提出了无人机型、浮空器型、风筝型的高空风力发电机组概念设计以及相关研究成果，如 2018 年，北京航空航天大学的研究人员对切风型高空风力发电系统的研究进展进行了综述和展望[41]，并提出了自行研制的小型无人机验证方案。2019 年，中国航天科技集团的研究人员提出一种类似美国 Altaeros Energies 公司设计方案的升浮一体环形浮空器，并详细分析了在浮空器上搭载水平轴风力发电机的关键参数变化影响规律[42]，结果表明当浮空器尺寸在 9~13 米、发电机功率在 8~35 千瓦范围时，发电成本最优。2020 年，湖南科技大学的研究人员对翼伞风筝型高空风力发电系统的结构和飞行轨迹进行了仿真研究，提出了优化控制策略[43]。但与国外研究相比，仍呈现研究领域窄、成果数量少等不足。

国内的相关科技公司则另辟蹊径，以兼具切风型和非切风型各自特点的混合型技术路线入手，开展设备研发。2010 年，广东高空风能技术有限公司开发了车载式的陆基高空风力发电试验样机[44]。2016 年，上海中路（集团）有限公司和广东高空风能技术有限公司在安徽芜湖建立了固定式的陆基高空风力发电试验场，测试兆瓦级的样机系统，如图 1-10 所示。2024 年，由中国能建和上海中路（集团）有限公司共同建设，同样采用伞梯陆基型技术路线的安徽绩溪高空风能发电新技术示范项目成功发电，实现了国内高空风力发电技术的新突破。同年，中国能建下属的中国电力工程顾问集团有限公司（以下简称"中电工程"）联合西北工业大学、重庆交通大学、清华大学、华北电力大学、中国科学院工程热物理研究所等国内知名高校和科研院所，以及其下属的西北电力设计院有限公司等单位，申请获批了国家重点研发计划"大型伞梯式陆基高空风力发电关键技术及装备"[45]，开启了国内高空风力发电技术研究的新阶段。

回顾国内外的发展历程，高空风力发电系统正在沿着大容量、经济性、商业化的发展路径快速更新迭代。在此背景下，一方面，发电装置安装在地面设施内的陆基型技术路线，由于发电机和电气设备的尺寸、重量限制小，与空基型相比更容易实现额定功率的提升，有望成为今后高空风力发电技术的主流技术路线；另一方面，在众多飞行器中，伞型飞行器相比固定翼飞机和多旋翼无人机结构更简单，大型化的实现难度与制造成本更低，更贴合今后高空风力发电发展中的标准化、工程化要求。由此看来，目前国内正在大力研发的伞梯陆基型技术路线具有更高的适应性和更大的发展潜力，后续章节将全方面地介绍该型技术路线与伞梯式高空风力发电系统。

图 1-10　安徽芜湖陆基高空风力发电试验场

图片来源：https://gbres.dfcfw.com/Files/picture/20230605/3E7F5B2646DE3368B2DC7A
4FF83BF702_w1080h720.jpg

## 参考文献

[ 1 ] Schmehl R. Airborne wind energy—advances in technology development and research［M］. Singapore：Springer Nature，2018.

[ 2 ] 蔡彦枫，李晓宇，任宗栋，等 . 面向空中风力发电系统的风能资源分析［J］. 太阳能学报，2025，46（2）：626-634.

[ 3 ] Onea F，Manolache A I，Ganea D. Assessment of the Black Sea high-altitude wind energy［J］. Journal of marine science and engineering，2022（10）：1463.

[ 4 ] IPCC. IPCC Sixth assessment report working group 1：the physical science basis［EB/OL］.［2024-07-28］. https://www.ipcc.ch/report/ar6/wg1.

[ 5 ] IEA. $CO_2$ emissions in 2023［EB/OL］.［2024-07-28］. https://www.iea.org/reports/co2-emissions-in-2023.

[ 6 ] Makani power. Airborne wind turbine［EB/OL］.［2024-07-28］. https://arpa-e.energy.gov/programs-and-initiatives/search-all-projects/airborne-wind-turbine.

[ 7 ] IEA wind task 11. Topical expert meeting #102 on airborne wind energy：challenges and opportunities［EB/OL］.［2024-07-28］. https://iea-wind.org/wp-content/uploads/2023/05/TEM102_Proceedings_v1.pdf.

[ 8 ] 肖利坤 . 国内高空风力发电技术应用现状［J］. 农村电气化，2023（7）：66-68.

[ 9 ] Ahrens W，Diehl M，Schmehl R. Airborne wind energy［M］. Berlin：Springer-Verlag，2013.

[ 10 ] Dyneema. The world's strongest fiber［EB/OL］.［2024-07-28］. https://www.dyneema.com.

［11］ Bosch J. Future of airborne wind energy systems depends on safety and efficiency［EB/OL］.［2024-09-14］. https://www.windpowerengineering.com/future-of-airborne-wind-energy-systems-depends-on-safety-and-efficiency.

［12］ 韩爽，刘杉.高空风力发电关键技术、现状及发展趋势［J］.分布式能源，2024，9（1）：1-9.

［13］ 李晓宇，张炳成，任宗栋，等.高空风力发电系统安全风险评估体系［J］.中国勘察设计，2023（S1）：26-29.

［14］ 蔡彦枫，李晓宇.面向空中风力发电系统的高空风场观测［J］.南方能源建设，2024，11（1）：1-9.

［15］ 新华社.高空风能发电实现技术突破［EB/OL］.［2024-07-28］. http://www.xinhuanet.com/20240119/cd081190593d4e3682c55df3e94ac56e/c.html.

［16］ Cherubini A，Papini A，Vertechy R，et al. Airborne wind energy systems: a review of the technologies［J］. Renewable and sustainable energy reviews，2015（51）：1461-1476.

［17］ Manalis M. Airborne windmills and communication aerostats［J］. Journal of aircraft，1976，13（7）：543-544.

［18］ Fletcher C，Roberts B. Electricity generation from jet-streams winds［J］. Journal of energy，1979（3）：241-249.

［19］ Loyd M. Crosswind kite power［J］. Journal of energy，1980，4（3）：106-111.

［20］ Saleem A，Kim M H. Aerodynamic analysis of an airborne wind turbine with three different aerofoil-based buoyant shells using steady RANS simulations［J］. Energy conversion and management，2018（177）：233-248.

［21］ Haas T. Simulation of airborne wind energy systems in the atmospheric boundary layer［D］. Leuven: Katholieke universiteit Leuven，2022.

［22］ Wijnja J，Schmehl R，De Breuker R，et al. Aeroelastic analysis of a large airborne wind turbine［J］. Journal of guidance，control，and dynamics，2018，41（11）：2374-2385.

［23］ Kehs M，Vermillion C，Fathy H. Online energy maximization of an airborne wind energy turbine in simulated periodic flight［J］. IEEE transactions on control systems technology，2017，26（2）：1-11.

［24］ Mathis R. Production cycle optimization for pumping airborne wind energy systems［D］. Milan: Polytechnic University of Milan，2021.

［25］ Fagiano L，Quack M，Bauer F，et al. Autonomous airborne wind energy systems: accomplishments and challenges［J］. Annual review of control，robotics，and autonomous systems，2022（5）：603-631.

［26］ Haland A. Testing of kitemill's airborne wind energy system at Lista，Norway assessing the impacts on birds a pilot study［R］. Norway: NNI Resources AS，2018.

［27］ Airborne wind europe. Airborne wind europe［EB/OL］.［2024-07-28］. https://airbornewindeurope.org.

［28］ IEA Wind TCP. IEA Wind Task 48 - Airborne wind energy［EB/OL］.［2024-09-14］.

https://iea-wind.org/task48.

［29］Meridional. Optimising the design and operation of wind power plants［EB/OL］. ［2024-09-14］. https://meridional.eu/project.

［30］Kitegen. Kitegen research［EB/OL］.［2024-07-28］. http//www.kitegen.com/en.

［31］Enerkite. Flugwindkraft_enerkite［EB/OL］.［2024-07-28］. https://enerkite.de/en.

［32］Kitepower. Plug and play，mobile wind energy［EB/OL］.［2024-09-14］. https://thekitepower.com.

［33］Orangeaerospace. Ampyx power AP3［EB/OL］.［2024-07-28］. https://www.orange-aerospace.com/about-us/projects/ampyx-power-airborne-wind-energy.

［34］Chaudhari R. Electric energy generation by magenn air rotor system（MARS）［J］. International Journal of Computer Science and Network，2015，4（2）：314-317.

［35］MIT. High-flying turbine produces more power［EB/OL］.［2024-07-28］. https://news.mit.edu/2014/high-flying-turbine-produces-more-power-0515.

［36］潘再平.一种利用高空风能进行发电的新方法［J］.太阳能学报，1999（1）：32-38.

［37］徐娜.放飞风筝引来电能［J］.世界科学，2006（12）：37-38.

［38］李抚立.转轮串式风筝发电技术［J］.现代零部件，2008（6）：44-47.

［39］曾星.荷兰科学家用巨型风筝捕获高空风能［J］.发电设备，2008（6）：541.

［40］刘佳.高空风力发电站：不需架设电网［J］.发明与创新（综合版），2009（8）：38.

［41］王若钦，严德，李柳青，等.切风模式风力发电飞行器的进展与挑战［J］.航空工程进展，2018，9（2）：139-146.

［42］闫淏，喻海川，陈冰雁."浮空型"高空风力发电机关键参数变化影响规律研究［J］.太阳能学报，2019，40（9）：2449-2455.

［43］肖小丽.风筝发电机飞行轨迹优化研究［D］.湘潭：湖南科技大学，2020.

［44］张璐，肖骏亮.高空风能发电新技术亮相南京［N］.南京日报，2010-07-01（A04）.

［45］中工网.国家重点研发计划"大型伞梯式陆基高空风力发电关键技术及装备"项目启动［EB/OL］.［2024-07-28］. https://www.workercn.cn/c/2024-04-03/8209279.shtml.

# 2

# 伞梯陆基高空风力发电技术概述

## 2.1 基本原理

### 2.1.1 系统组成

伞梯式陆基高空风力发电系统的组件构成如图 2-1 所示。通常,该系统由三部分构成,即空中组件、牵引组件和地面组件。

空中组件的主要部件包括浮空气球、平衡伞组和做功伞组,各部件功能如下:

浮空气球:设置在伞梯顶端,气球内部充有惰性气体,提供伞梯系统初始浮空阶段所需的升力,引导伞梯升空。

平衡伞组:位于浮空气球之后,挂在缆绳上,平衡伞相对做功伞面积较小。主要作用是牵引做功伞升空开伞和提供一个防止伞梯系统倾覆的力矩,保证整个伞梯空中系统的稳定。

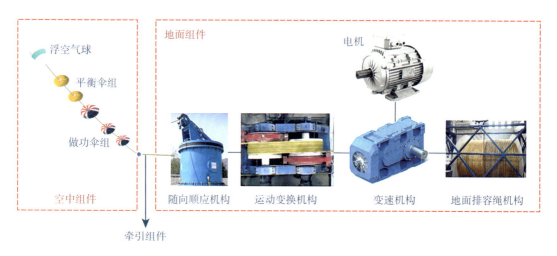

图 2-1 伞梯式陆基高空风力发电系统组件示意图

做功伞组：伞梯空中系统风能捕获的核心部件，包含多个做功伞，由缆绳进行串联，作用是做功伞开伞后，伞组在风的作用下产生可观的空气动力，部分空气动力通过缆绳以牵引力的形式传递到地面设备，带动发电设备发电，实现对高空风能的捕获。

牵引组件采用由高分子材料制成的轻质柔性缆绳，其主要功能是对做功伞进行方向约束，确保伞组在运行过程中保持一致的行进方向。此外，缆绳还承担着将空中的能量传输到地面的重要任务。

地面组件的主要部件包括随向顺应机构、运动变换机构、变速机构、地面排容绳机构和电机，各部件功能如下：

随向顺应机构：用于空地连接、引导缆绳，空中部分缆绳可随风向的变化而变换方向和角度。主体由万向滑轮构成。

运动变换机构：可将空中组件的直线运动模式变换为旋转模式，使其可以通过转轴带动电机转动。主体为卷筒。

变速机构：通过合理设计空间齿轮系统，实现增速，使电机能够以额定转速运行。主体为变速箱。

地面排容绳机构：使用卷扬机实现容绳功能，采用卷扬式滚筒。卷扬式滚筒兼具运动转换和容绳功能，缆绳采用单层缠绕。

电机：采用永磁同步电机或异步感应电机，实现能量转化。当伞梯上升做功时，作为发电机运行，将机械能转化为电能；当伞梯下降回收时，作为电动机运行，将电能转化为机械能。

### 2.1.2 运行原理

整个系统的运行原理如图 2-1 所示，伞梯由多个平衡伞和做功伞通过一定的排列组合形式构成，通过伞梯的往复运动，带动地面的发电机转动发电。伞梯运行分为初始浮空阶段、做功阶段和回收阶段。

初始浮空阶段：伞梯系统顶端的浮空气球升空，给伞梯系统提供初始浮空阶段的升力，带动伞梯浮空。待伞梯系统到达一定高度，平衡伞组首先打开，提供额外的升力使伞梯系统能继续升空。

到达做功伞开伞高度和风速后，做功伞依次打开，进入做功发电阶段。做功伞打开后，受到气动力的作用，其中的绳向分量通过缆绳以绳力的形式传递到地面，带动发电机进行发电；而垂直于绳向的分量以及伞梯系统自重使伞梯系统有朝地面倾覆的趋势，在这一过程中，位于做功伞上方的平衡伞发挥另一个作用——给伞梯提供防倾覆的力矩，使得伞梯系统可以在侧风作用下保持自平衡。

伞梯运行至高度上限后，做功伞关伞进入恢复阶段。在恢复阶段，做功伞闭合不再提供升力，平衡伞根据情况选择打开或收回，保证伞梯系统姿态稳定。伞梯系统的自重与浮空气球和平衡伞基本一致，地面电机消耗较小的电能将伞梯向下收回。待伞梯系统下降至原做功伞开伞高度，做功伞再次打开进入做功阶段，伞梯空中系统通过做功阶段和恢复阶段的循环往复，实现对高空风能的捕获。

## 2.2 关键技术

基于伞梯式陆基高空风力发电技术的原理和系统构成，可以发现在该技术路线中，空中组件处于不带电状态，电气安全性高。同时，由于伞梯沿着固定轨迹做往复运动，因而对高空的纵向高度区间内分布的高空风能能够更好地利用，具有较高的捕风量。尽管近年来我国在伞梯式高空风力发电技术风能捕获、空地能量传输、集成控制的科学研究和装备研制等方面取得了一些进展，但面对未来机组的大型化和产业化需求，仍有如下技术瓶颈亟须突破。

（1）高效风能捕获难度大：在伞梯结构中，伞体气动外形、伞间距是影响高效风能捕获的关键因素，伞体的气动外形影响其提供的拉力，伞间距影响做功伞周围流场形态，伞梯诱导的尾流分离会减弱其他做功伞的捕风能力，降低效率。伞梯复杂流固耦合动力学机制与高效风能捕获机理不清，尾流对做功伞捕风能力影响复杂，如何实现风能的高效捕获存在较大挑战。

（2）高效空地能量传输难度大：机械能长距离空地能量传输过程中，大跨度柔性缆绳能量耗散行为特征不清，高空风环境下缆绳牵引载荷时空特征复杂，长链传输多源多物理场能量耗散机理不明，如何实现高效空地能量传输仍亟须解决。

（3）长时稳定控制难度大：一方面，做功/卸载模式大量往复切换需要极高的控制精准程度和可靠性；另一方面，单伞梯发电系统无法实现持续发电，如何通过控制实现长时稳定发电仍亟须破解。

为突破以上技术瓶颈，本书认为需解决如下五项关键技术。

（1）高空风环境与柔性伞流固耦合效应的高精度数值模拟方法及气动布局优化技术：实际高空复杂风环境下，伞梯系统的大分离流动、伞间气流相互干涉、柔性伞流固耦合效应等问题给气动力精准评估带来极大挑战。发展高空风环境与柔性伞流固耦合效应的高精度数值模拟方法，探明实际高空风廓线作用下伞梯之间的气动干涉效应，实现气动力特性精准评估；发展高空风能气动布局优化设计方法，实现相应伞形、尺寸、间距等关键设计参数优化，形成高效风能捕获装置的气动布局方案，提升风能捕获效率。

（2）多变向载荷随向顺应及重载分汇流高效高可靠传输技术：系留缆绳牵引载荷具有方向多变、重载冲击等特点，对空地能量高效高可靠传输形成极大挑战。开展缆绳牵引载荷多变向重载条件下随向顺应机构和分汇流机构构型设计，研究空地能量传输过程能量耗散及动载荷数值模拟方法，构建空地能量传输系统精细化效率模型和动力学模型，探明系统的载荷 – 构型 – 参数 – 效率映射规律，形成空地能量高效高可靠传输参数匹配技术。

（3）强非恒定环境下发电组件全过程动态耦合仿真和全系统协同设计技术：大型伞梯式陆基高空风力发电系统的能量捕获 – 传递 – 耗散过程具有强非线性和高复杂度特征。因此，需要开展全系统全过程能量传输和转化机理研究，形成高效可靠的耦合数值仿真技术；构建全系统动态耦合仿真模型，服务工程样机的验证和应用。

（4）适应长时稳定高效运行的伞梯系统多目标优化控制技术：研究复杂多因素对伞体稳定高效运行的影响机理，提出伞梯式陆基高空风力发电系统伞体自适应开合控制技术，实现伞梯工作状态的智能切换；研究卷扬 – 发电机对空中伞梯传动状态的控制机理，实现缆绳放出速度自动平滑控制，发展伞梯式高空风力发电系统的最大功率跟踪控制技术；研究多伞梯系统功率输出的时空多尺度互补特性，发展卷扬 – 发电机输出转矩动态响应控制方法，形成安全、稳定、高效等多目标优化的伞梯群智能协同优化控制技术。

（5）大型伞梯式陆基高空风力发电装备一体化集成技术：开展伞梯式陆基高空风力发电系统核心部件与关键空地组件研制，探明浮空装置、伞梯、地面传动装置、发电机与控制系统的实现方案，开展伞梯式陆基高空风力发电参数协同设计，突破高空复杂风况、多变牵引载荷与伞梯升降转换工况下伞梯式陆基高空风力发电装置高效高可靠应用难题，掌握一体化集成设计方法，形成 10 兆瓦伞梯式陆基高空风力发电样机一体化解决方案。

综上所述，一个伞梯式高空风力发电系统的长时间稳定运行需要对伞体、伞梯以及伞梯群进行一体化协同调控，而该发电系统的运行在实际复杂风场环境下运行过程复杂多变，需要将各个模块、核心结构根据其特点进行一体化耦合，或可通过全系统动态耦合仿真模型进行模拟仿真，针对各个模块进行建模，间接支撑系统的运行方案优化。

伞梯式陆基技术路线下单个伞梯需要进行往复运动实现发电，因而在单个伞梯的每一个发电周期内，都会存在一段时间处于非发电状态，因此，为实现系统的连续发电，需要进行多机组的协同运行，确保整个系统能够长时间、稳定地发电。通过控制多个伞梯的升降，可以实现系统连续发电并调控系统输出功率，建立能够长时稳定可控的高空风力发电系统。

为了进一步分析、明确以上五项关键技术，本书将在第 3 到第 7 章详细地对每项关键技术进行分析解构。在第 3 章，本书针对伞梯式陆基高空风力发电系统的高效风能捕获进行分析，首先介绍了包括做功伞、平衡伞、浮空气球和缆绳在内的捕风装置，进而通过对伞梯系统运行风环境特性、伞与空气的相互作用、伞梯的捕风力学原理进行分析，结合空气动力学分析方法厘清伞梯风能捕获分析方法和对应的风能捕获能力提升与优化技术，针对以上第一项关键技术进行初步分析。

在第 4 章中，将对整个系统的多变向载荷随向顺应及重载分汇流高效高可靠传输技术进行分析论证，通过厘清系统的空地能量传输系统，研判出拉力式空地能量传输系统的关键部件，进而对空地能量传输系统的能量耗散进行分析，分别对机械系统和电气系统的能量耗散进行理论建模与评估，并初步定义出能量耗散分析与优化方法，以明确系统机电协同的设计方法。

通过厘清伞梯高效风能捕获原理和空地能量传输机制，本书将于第 5 章讨论伞梯式陆基高空风力发电系统的耦合仿真与一体化协同技术。基于对其他陆基高空风力发电系统及典型仿真研究工作的分析，对常见的翼伞型和固定翼型陆基高空风力发电系统进行文献综述分析，并对本书所描述的伞梯式陆基高空风力发电系统进行整体建模论证；汇总和对比分析了飞行 – 浮空组件、空地牵引组件和地面的能量转换组件的参数机制和建模方法；通过对现有的一体化模型和方案进行协同设计方法的讨论，基于高空风能分布模型，研究发电机组在不同工作高度下所受风速和风向的影响，确定系统的逃逸、缠绕风险，优化伞群空间布局方案，明确系缆强度要求和风速区间等指标；提出高空风力发电系统的控制运行方案，为高空风力发电机组提出最优化的工作场景；同时，也对系统的安全运行以及极端天气状况的紧急情况处理进行了分析，为本技术后续发展、提高产能提供理论支撑。

第 6 章对机组的运行和控制进行了分析讨论，首先对机组运行中的工作状态、最佳功率、工作点、安全运行条件和发电连续性进行了定义，进而对控制系统进行了定义，并厘清了各部分控制的需求和功能；分析了高空风电接入电网条件下的电能质量评估方法，并展望了高空风电并网运行的基本要求及主动调控措施；针对性地对适应长时稳定高效运行的伞梯系统多目标优化控制技术进行了剖析。

除理论分析外，本书还在第 7 章对国内已有的伞梯式陆基高空风力发电系统即绩溪高空风力发电项目进行了说明，旨在对已有同类项目，针对工程设计、设备设计与制造、工程建设及调试作出进一步的说明和分析，对大型伞梯式陆基高空风力发电系统的一体化集成和解决方案提供工程指导。

# 2.3　发展与应用

2005 年，张建军博士及其团队创新性地提出了"天风技术"——伞梯陆基高空风力发电技术，并据此在美国加利福尼亚州创立了天风公司，专注于该技术的深入研究与成套系统开发。2008 年，伞梯陆基高空风力发电系统结构日臻完善，空中系统成功升空，并完成了一系列验证测试，初步证明了技术的可行性，同时研制出首台样机。

2009 年末，中路股份有限公司（以下简称"中路股份"）在广州科学城设立了广东高空风能技术有限公司，致力于研究伞梯陆基高空风力发电技术。该技术不仅突破了高空风能采集与发电的稳定性难题，还克服了空中控制的技术瓶颈。

2010 年，全球首套可移动式伞梯陆基高空风力发电设备在上海世博会惊艳亮相，同年，中路股份在北京大学举办的国际风能发电新技术发展战略研讨会上提出的"2 兆瓦高空风能发电产业化样机设计方案"赢得了国际专家的高度赞誉与支持。2012 年 12 月，中路股份在安徽芜湖成立芜湖天风新能源科技有限公司，2015 年，完成 2.5 兆瓦高空风能发电试验电站建设。同期，在芜湖建立了伞梯试验研发中心和生产测试基地，配有生产加工工具、检测及试验设备。在此基础上，天风技术部分产品实现生产及整个系统的现场放飞、运行测试，实际测试单绳功率超过 600 千瓦，功率输出稳定，成为全球首台实用性大功率高空风能发电系统。

2021 年，中路股份与中国能建达成战略合作，共同推动高空风能发电技术和产业化，中电工程与中路股份合作研发的 2.4 兆瓦伞梯式陆基高空风力发电样机已在芜湖试验基地和绩溪示范项目实现工业验证，是目前全球功率等级最大的高空风力发电装备，见图 2-2。设备具有自主知识产权，可实现全设备国产化，处于国际领先水平。该项目装机容量 100 兆瓦，一次规划、分期实施。采用伞梯陆基高空风能采集技术、建设利用 500~3000 米中高空风能的发电机组系统，开展中高空风能发电的技术研发和试验、发电系统设计和建造、风电场建设、运维等业务，努力实现高空风电产业化。项目在 2021 年 12 月 26 日全面开工，并于 2022 年 11 月 18 日完成并网验收，至 2024 年 2 月已完成 22 次放飞，成功实现伞组上下、开合等单元测试，积累了大量高空风电技术经验，对项目的后续选址、放飞需求和发电控制具有重大意义。2024 年 1 月 7 日，绩溪高空风能发电新技术科研项目成功实现电能上网，经现场所有参与单位共同确认，该次放飞已实现多次连续有效发电。该项目为我国首个可并网的高空风能发电实证项目。

图 2-2  绩溪示范项目俯瞰图

在 2023 年，科技部将"高空风能"项目正式列入"可再生能源"重点专项申报指南并立项国家重点研发计划"大型伞梯式陆基高空风力发电关键技术及装备"，该技术被科技部专家定义为原创性和颠覆性技术，由中电工程牵头攻关。项目将针对伞梯式高空风能高效捕获机理与气动设计、高效高可靠空地能量传输与电能变换技术、系统耦合仿真与协同设计技术、机组长时稳定协调运行与高效优化控制技术进行科研攻关，并研制样机进一步进行应用验证。项目成果将为我国高空风能的规模化开发利用提供理论与技术支撑，对于我国能源结构的转型发展和"双碳"目标的实现具有重要意义。

# 3 高空风能捕获装置与力学原理

## 3.1 空中伞梯捕风装置

空中伞梯捕风装置指伞梯陆基高空风力发电系统的空中部分，是整个伞梯陆基高空风力发电系统的核心，主要作用是实现对高空风能的高效捕获及能量的空地传输。空中伞梯捕风装置主要包括主缆绳以及被主缆绳从上而下依次串联起来的浮空气球、平衡伞组、做功伞组，由做功伞组在风力作用下向上运动，带动缆绳以一定速度运动，缆绳再牵引地面发电机将机械能转化为电能，实现"风能 – 机械能 – 电能"的转换。

### 3.1.1 捕风装置组成部分

空中伞梯捕风装置主要部件包括浮空气球、多个平衡伞组成的平衡伞组、多个做功伞组成的做功伞组和牵引缆绳。

浮空气球与主缆绳相连，设置在空中伞梯捕风装置的顶端，给伞梯系统提供初始浮空阶段的升力，带动伞梯浮空。

平衡伞组由多个斜挂在浮空气球下方的主缆绳上的平衡伞（翼伞、阻力伞等）组成，一般与主缆绳铰接。其主要作用是利用开伞后受到的气动力给空中伞梯捕风装置提供一个力矩，防止空中伞梯捕风装置因自重以及高空侧风的影响，导致伞梯与地面倾角过小甚至倾覆，保证空中伞梯捕风装置保持自平衡运行。

做功伞组位于平衡伞组下方，与平衡伞斜挂在主缆绳上的方式不同，做功伞被主缆绳从中心穿过，通过开伞装置固定于主缆绳上，形成"伞梯"。做功伞组是空中伞梯捕风装置的核心部件，其工作原理是开伞后在风的作用下产生可观的空气动力，将空气动力通过缆绳以牵引力的形式传递到地面设备，带动发电设备发电，实现对高空风能的捕获。

缆绳连接了空中伞梯捕风装置各个组件，起到对做功伞的方向约束，确保伞组运行方向一致的作用；同时传递拉力，起到空地能量传输的作用。

空中伞梯捕风装置运行分为初始浮空阶段、做功阶段、恢复阶段。初始浮空阶段，伞梯系统顶端的浮空气球升空，给伞梯系统提供初始升力，带动伞梯浮空。待伞梯系统达到一定高度、风速达到额定开伞风速时，平衡伞组首先打开，提供额外的升力使伞梯系统能继续升空。

当伞梯系统上升，到达做功伞开伞高度和风速后，做功伞依次打开，进入做功阶段。打开后，做功伞受到气动力的作用，其中的沿绳向分量通过缆绳以绳力的形式传递到地面，进而带动发电机进行发电。伞梯运行至高度上限后，收束做功伞，进入恢复阶段。在恢复阶段，做功伞闭合不再提供升力，平衡伞根据风向情况进行开合，始终保证空中伞梯系统姿态稳定。此时在伞梯系统的自重驱动下，地面电机消耗较小的电能将伞梯向下收回。待伞梯系统下降至原做功伞开伞高度，做功伞再次打开进入做功阶段，伞梯空中系统通过做功阶段和恢复阶段的循环往复，实现对高空风能的捕获。

### 3.1.2　做功伞

做功伞的外形与常见的阻力型降落伞形式基本一致，主要由伞衣、伞绳、主缆绳等组成（图 3-1）。伞衣一般由数幅平行的整幅织物锁缝而成，底边由加强带和织物卷叠而成，加强带延伸出来形成绳扣带，用以连接伞绳[1]。做功伞伞绳长短一致，穿过伞衣底边均匀布置的绳带扣，汇系于伞衣下方主缆绳上一点。

（a）十字形阻力伞　　　　　　　　　　　　　　　　（b）半球形阻力伞

图 3-1　常见的阻力伞外形

做功伞是决定高空伞梯系统发电功率、运行效率的关键部件，需要精心设计。而影响做功伞性能的关键因素包括：做功伞的捕风面积、伞面外形、透气性及做功伞个数。

首先，做功伞捕风面积与底面半径、投影面有关。半径大的做功伞理论上能带来更大的投影面积，使做功伞捕获更多的风能。但是做功伞的尺寸过大时，又会产生新的问题，比如伞的加工制作变得更加困难，运行与维护成本提高。其次，大尺寸做功伞需要匹配更多的伞绳来控制，不仅增加了伞梯空中系统的自重，也给做功伞的开合控制带来了新的挑战，显著增大了运维难度。因此，在确定做功伞捕风面积时，需要多方面综合考虑。

另外，做功伞的伞面外形会影响做功伞为空中装置提供的拉力。工程设计中通常使用无量纲系数来量化伞面外形对拉力的贡献，也就是拉力系数。拉力系数越大，便可以带动更大的发动机负载发电，产生更大的电能。一般地，伞面外形包括半球形伞、十字形伞、环缝伞等。不同的伞面外形将产生不同的拉力系数以匹配目标发电功率及发电场址的工况。

做功伞的透气性包括结构透气性和材料透气性，前者指在伞面上人为开的孔或者缝，后者是因为伞面织物存在空隙形成的透气性。做功伞的透气性设计一般指伞面的结构透气性设计，适当的开孔开缝可以减小开伞过程中的动载荷，并改变空气流过做功伞的流动形态，提升捕风性能。另外，透气性也会影响伞梯系统运行的稳定性与发电的稳定性。因此如何开孔，选择什么样的材料仍是一个需要优化与研究的工程关键。

为了提升捕获风能的功效，空中伞梯捕风装置多采用数个做功伞通过缆绳串联组成做功伞组的方案。做功伞组通过适当增加做功伞个数的方式，虽然解决了高功率要求下单个做功伞尺寸过大的问题，但是多个做功伞之间存在尾流干扰，影响后续做功伞的气动效果，表现为后续做功伞拉力系数的衰减。要想减小尾流的不利影响，必须增大做功伞的间距，让尾流尽可能耗散。值得注意的是，做功伞间距也应当设置适当，做功伞之间较大的间距虽然会使尾流充分耗散，但也增加了缆绳的长度，给整个空中伞梯捕风装置带来了额外的重量负担。

### 3.1.3 平衡伞

平衡伞的外形与做功伞相似，都属于阻力伞，通过兜风以产生拉力。一般地，平衡伞的几何尺寸相对做功伞较小。平衡伞组设置在浮空气球下方，由多个平衡伞平行斜挂在主缆绳上组成，系挂点采用刚结点或者铰接的形式连接。刚结点的优点是可以人为设置一个最佳的安装角度，让平衡伞组尽可能提供给伞梯空中系统更大的平衡力矩；缺点是刚结点会受到较大的冲击载荷，对于空中伞梯捕风装置这种需要长时间往复工作的系统，刚结点的可靠性不高。铰接的形式相比于刚结点，很大程度上减少了系挂点处的载荷，空中伞梯捕风装置在运行时，做功伞的打开与闭合带来的气动力变化以及缆绳长度改变引起的自重变化，导致空中伞梯捕风装置受到向地面倾覆的力（即做功伞受到气动力垂直于绳向的分量以及整个空中系统的自重）的大小时刻在变化，铰接的形式保证了平衡伞可以通过自身调整与缆绳的夹角，实现空中伞梯捕风装置始终保持自平衡。因为平衡伞是相对平行布置，所以不用考虑平衡伞之间尾流的干扰，但是如果采用铰接的系挂点方案，平衡伞会存在绕铰接点的转动，因此平衡伞之间还是需要留出足够的间距，保证平衡伞不会因为间距太小而在转动的时候相互缠绕，导致空中伞梯捕风装置失稳。

初始浮空阶段，在浮空气球的升力带动下，空中伞梯捕风装置上升，到达平衡伞的开伞高度，平衡伞开伞提供额外的升力带动空中伞梯捕风装置继续上升，并提供一个较小的平衡力矩使空中伞梯捕风装置姿态稳定；待做功伞组开伞后，进入做功阶段，由于做功伞收到的气动力相对较大，并且高度升高后，空中系统自重增加，空中伞梯捕风装置受到的倾覆力增大，平衡伞自动增大与缆绳的夹角，产生更大的平衡力矩来使空中伞梯捕风装置保持自平衡；在恢复阶段，做功伞收束，整个空中伞梯捕风装置开始下降，在这一过程中，根据下降速度的快慢控制平衡伞组的开闭，保证空中伞梯捕风装置以适合的速度下降。

平衡伞组设计的主要影响因素是规划的运行高度以及做功伞组的设计参数。空中伞梯捕风装置规划的最大运行高度决定了缆绳最大长度，即缆绳的最大重量；其次做功伞的个数与半径等设计参数，也会从做功伞组自重和气动力垂直于绳向的分量两方面来影响平衡伞组的设计，因此平衡伞组的设计顺序在做功伞组的设计确定之后。

### 3.1.4 浮空气球

浮空气球设置在伞梯顶端，在伞梯未运行的时候，浮空气球被绳索约束在地面上。由于做功伞与平衡伞只有达到额定开伞风速时才能成功开伞，提供更大的运行拉力，而额定风速在距地一定高度的空中才能产生，因此，初始浮空阶段，在伞梯空中系统没有到达做功伞的开伞高度之前，浮空气球提供伞梯系统所需的升力，引导伞梯升空；到达做功伞开伞高度后，做功伞打开，伞梯系统进入做功阶段，浮空气球提供一个额外的升力，辅助伞梯系统做功；做功阶段结束后，做功伞收束，伞梯系统进入恢复阶段，伞梯空中系统受自重开始下降，浮空气球提供的升力使伞梯空中系统的下降速度放缓，不至于发生快速下降的情况，保护系统运行安全。做功伞下降到开伞高度时，及时控制做功伞组重新打开，进入下一个做功阶段。

浮空气球外形通常为球形或者水滴形（图3-2），保证其侧向尽可能受力均匀，尽量避免在侧风影响下出现较大的摆动，并且使伞梯空中系统能够接近竖直上升，更快地到达伞组的预定开伞高度。浮空气球内部充有密度小于空气的惰性气体——氦气，在提供足够升力的前提下确保自身重量足够小，减少空中系统能量的损耗；同时，内充氦气使浮空气球具有更好的稳定性和安全性，因为密度比氦气更小的氢气虽然能在同体积条件下提供更大的浮力，但是氢气具有易燃易爆的化学特性，在伞梯长时间运行过程中，氦气球要比氢气球更安全。

此外，由于浮空气球需要在温度较低、紫外线照射强度较高的高空工作环境下长时间工作，所以浮空气球的材料选择至关重要。常规的橡胶材料虽然可以通过加入耐寒、耐臭氧、耐光老化的助剂来应对高空的恶劣环境，但是由橡胶材料制成气球充气后，球内外压力差很小，气球可随大气压的降低而自由膨胀，在伞梯往复做功的过程中，此类气球会反复膨胀与压缩，容易发生疲劳破坏，不满足伞梯长时间运行的要求；新型的聚乙烯塑料薄膜、聚酯薄膜材料制成的气球可以在超压状态下工作，球皮几乎无伸缩性，基本保持形状一定，并且聚乙烯薄膜的性能优于橡胶，耐低温，受紫外线影响小，透气率小，有较高抗拉强度，常用来制造使用期较长、负荷较大的气球[2]，更符合伞梯系统浮空气球的要求。

（a）球形浮空气球　　　　　　　　　　　（b）水滴形浮空气球

图 3-2　浮空气球实物图

浮空气球的设计需要明确做功伞合适的开伞风速及对应的开伞高度，至少需要保证浮空气球提供的升力足够空中伞梯捕风装置到达首个做功伞的开伞高度。

目前，浮空气球遇到的主要问题是在高空风速较大的情况下，空中系统回收困难以及浮空气球存在逃逸的可能。在伞梯系统需要检修或者天气较为恶劣不适合伞梯空中系统运行的时候，需要控制闭合所有伞组（包括做功伞组和平衡伞组），再通过地面卷扬机收回缆绳，实现整个空中系统的回收。在回收阶段，如果遇到风速较大的情况，浮空气球没法像伞组一样收束以卸掉气动力，而是会发生剧烈的摆动，极大地影响了地面卷扬机对缆绳的正常收回，并且在这种情况下回收空中系统会带给缆绳极大的载荷，使缆绳有可能发生断裂，导致浮空气球发生逃逸。针对上述情况，现有的潜在措施是在浮空气球顶部布置防逃逸阀，在浮空气球发生逃逸的时候打开阀门排气，实现"迫降"，避免浮空气球逃逸对空域造成不利影响。

### 3.1.5　缆绳

主缆绳是整个伞梯空中捕风装置的主干，从下到上依次连接了做功伞组、平衡伞组和浮空气球等伞梯空中捕风装置重要组成部件。

缆绳的核心功能是充当空地能量传输的载体，具体来说，就是缆绳将做功伞组捕获的风能以力的形式传递给地面发电设备进行发电。而伞梯式高空风能发电系统额定功率往往达到兆瓦的量级，所以在伞梯陆基高空风力捕风装置运行过程中，缆绳承受的载荷是极大的，因此缆绳必须有足够高的强度。此外，伞梯空中捕风装置在强紫外线、强光照等高空较为恶劣的工作环境下长时间往复工作，缆绳容易发生老化，进而导致缆绳强度下降。

要加强缆绳的强度，只能着手于缆绳材料和缆绳的横截面积两方面。不同的缆绳材料的强度特性差异很大，由高分子特殊材料制成的缆绳相比传统的天然纤维制成的缆绳强度有显著提升。另外，缆绳的横截面积也直接影响着缆绳的强度，横截面积更大的缆绳显然能够允许缆绳承受更大的载荷，但是随着横截面积的增大，缆绳的重量也大幅增加，这对空中伞梯捕风装置的设计来说是不利的。因此，缆绳的材料选择至关重要，高分子材料如超高分子聚乙烯可以兼顾强度高、密度小和抗老化等多方面要求，是目前伞梯高空捕风装置缆绳组件的主流选择。

## 3.2　伞梯风能捕获力学原理及分析方法

精准评估伞梯陆基高空风力发电装置的空气动力学特性，核心在于研究伞组与空气之间的相互作用。以此为出发点，首先介绍高空风特性和其相应的风廓线，为理论分析奠定基础；然后分析单伞与空气间的相互作用，进而扩展至整个伞组，建立起伞组空气动力学理论模型；最后对空中伞组空气动力分析方法进行简要介绍，并展示相关结果。

### 3.2.1 伞梯系统运行风环境特性

伞梯陆基高空风力发电技术利用高空风资源发电，通过在高空布置多个伞体，每个伞体在不同高度层捕获风能，最大化利用风速的垂直分布特性。随着高度增加，空气密度逐渐减小，而风速显著增加，通常在 1000 米高度处风速可达到地面的两倍以上，风能密度显著提升。然而，地表风向受地形影响大，为充分利用风向稳定的高空风资源，这对伞梯系统的控制和稳定性提出了挑战。空气密度减小会影响受力，伞梯系统通过优化伞体设计和控制算法来协调各伞体的位置和姿态，确保在风速和风向变化时稳定高效地捕获风能，实现高效的高空风能发电。针对不同地区的风资源进行记录，如图 3-3（a）所示，其中不同颜色代表不同地区的风速随海拔变化情况，可以看到随着海拔的不断增加，对应高度上风速的大小也在增加，也就是说高海拔地区的可用于发电的风速范围大。

初步仿真时，可以忽略这些复杂的风廓线，而采用统计平均后的风速 – 海拔曲线和风向 – 海拔曲线来进行分析，如图 3-3（b）所示。从平均风速 – 海拔曲线可以看出海拔高的地方风速就高，且在海拔 1500 米之上风速处于较高水平，且稳定增长，变化不剧烈，适合风力发电装置对风资源进行捕获；从风向 – 海拔曲线可以看出，1000~1500米时，风向几乎覆盖了各个方向，风向变化不稳定不利于伞梯陆基高空风力发电系统的布置，而在海拔 1000 米以下及 1500 米以上时风向范围较稳定，便于发电装置对风能的捕获。

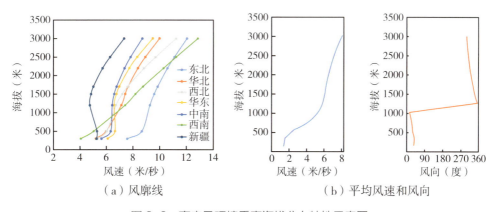

（a）风廓线　　　　　　　　（b）平均风速和风向

图 3-3　高空风环境垂直海拔分布特性示意图

通过对高空风速的统计平均处理，可以简化仿真模型，在实际应用中，根据风速－海拔曲线和风向－海拔曲线，伞梯发电装置的设计和控制可以更为优化，以适应不同的风况，提高整体发电功率。

## 3.2.2　伞与空气相互作用

只要存在空气与物体之间的相对运动，即空气对物体的相对流动，就会产生空气动力，通常根据运动方向确定相对流动。以下仅介绍与伞相关的空气动力学知识，反映流体的基本特性。

### 3.2.2.1　低速情况下的流体特征

在物理学中，气体和液体常合称为流体。诸多情况下，气体和液体的流动性、黏性和压缩性有所差异，但均通过连续方程和伯努利方程原理产生力。

1）连续方程

空气和水的流动总是连续不断的，所谓流体连续性原理是：对于一个封闭的流体系统，在任何给定的时间点，通过系统的任意横截面的流入质量必须等于流出质量。换句话说，对于一个稳态流动的流体，质量在流动过程中不能被创造或消失。数学上，流体连续性原理可以用以下方程表示：

$$\rho v A = \text{const} \tag{3-1}$$

式中，$v$ 为所取截面的气流速度；$A$ 为所取截面的面积。对低速流动来说，空气密度的变化是极其微小的，如果我们把在流动过程中空气密度看成不变的（即不可压缩），则连续方程可简化成：

$$v A = \text{const} \tag{3-2}$$

这表明气流速度与所流过的截面面积成反比，即截面面积越小，流速越大；反之，截面面积越大，则流速越小。

2）伯努利方程

测量气流流过不同截面时对壁面的压力可以发现：流速快的地方压力小，流速慢的地方压力大。这就是伯努利方程的基本内容，一般用静压、动压和总压三者关系来表示。静压：空气作用于物体表面的压力是静压力，简称为静压。在静止的空气中，静压等于当地的大气压力。动压：气流受到物体阻挡时，流速降低而静压增大。我们把流速降低到零时，静压所能增加的数量，称为动压，空气的动压大小与其密度及气流速度的平方成正比。总压：在流动的空气中，空气流过任一点时所具有的静压与动压之和称为空气在该点的总压。伯努利定理：稳定气流中，在同一流管的各截面上，空气的静压和动压之和保持不变，即总压不变。数学上，可表示为：

$$P + \frac{1}{2}\rho v^2 = \text{const} \qquad\qquad (3-3)$$

式中，$P$ 为静压；$\rho$ 为空气密度；$v$ 为空气流速。由此可见，动压增大，则静压减小；动压减小，则静压增大。

3）空气动力

伞在空气中运动时，伞的空气动力产生的原因是空气与伞的相互作用。当物体在空气中运动或受到气流的影响时，空气分子与物体表面发生碰撞和相互作用，从而产生空气动力。空气分子与物体表面发生摩擦以及产生的压力差，使物体受到与运动方向相反的阻力。阻力的大小取决于物体的形状、速度、表面粗糙度等因素。伞的阻力主要是由摩擦阻力、压差阻力两部分组成的。

（1）摩擦阻力：是物体在与流体接触并相对运动时所受到的阻力。它是由于物体表面与流体分子之间的摩擦作用而产生的力，阻碍了物体在流体中的运动。

空气和其他流体一样具有黏性。当空气流过物体时，在贴近物体表面上的那一层空气不是沿物体表面流过而是黏在它上面，流速等于零。从物体表面向外，气流速度才一层比一层快起来，直到某一个距离时，速度又等于自由流速。这个在物体表面上气流速度逐渐降低的空气流动层就叫作附面层（又称边界层）。紧贴物体表面的一层空气流速为零，说明这层空气必须受到物体表面给它一个与气流相反的力。根据作用与反作用定律，空气必须给物体表面一个与物体运动方向相反的反作用力，此力就是物体表面的摩擦阻力。

附面层按其性质不同，可分为层流附面层和紊流附面层。理论计算表明：紊流附面层的摩擦阻力要比层流附面层的摩擦阻力大得多，因为紊流附面层紧贴物体表面处的速度梯度大。

（2）压差阻力：是指物体在流体中运动时，由于流体速度的变化而产生的阻力。它是因流体分子在物体前后产生的压力差而引起的。当物体在流体中移动时，流体分子在物体前面被压缩，形成高压区域；而在物体后面形成低压区域。这种压力差使流体分子对物体施加一个阻力，阻碍了物体的运动，这就是压差阻力。然而，在特定条件下，压差也可以产生升力，从而帮助物体上升。伞梯装置升力的产生便是一个例子。

当物体在流体中运动时，流体会绕过物体流动。根据伯努利定理和流体动力学的基本定律，这个过程中会形成不同的压力区域。在物体前方，流体在接触物体的迎风面时，流速会减小，流体压力升高；在物体后方，流体绕过物体后，速度会增大，压力降低。由于物体前方的压力高于后方的压力，这就形成了一个净向后的力，即压差阻力。

压差阻力的大小受多种因素影响，其中物体的形状占首要地位，流线型的物体可以减少迎风面的压力差，从而减小压差阻力；相反，钝形物体会产生更大的涡流和更大的压力差。其次，表面积也会影响压差阻力，较大的表面积会增加迎风面和背风面的压力差，从而增加阻力。而且，流体的速度越快，产生的压力差越大，从而增大压差阻力。

总之，压差阻力是由于物体前后表面压力差异产生的，是影响物体在流体中运动的重要因素。通过优化相关参数，可以有效减少压差阻力，提高运动效率和性能。

（3）伞的升力：伞升力的产生是一个复杂的物理过程，升力大小受空气动力和伞结构响应共同影响。类似于飞机机翼产生升力的原理，当风吹过伞的弧形表面时，空气流速的不同，伞的上方和下方会产生压力差，这种压力差会导致升力的产生。具体过程是：当风吹过伞的弧形表面时，伞的上方空气流速较快，压力较低；下方空气流速较慢，压力较高。这种压力差产生升力，推动伞向上移动。由于伞的形状设计使风在伞的上方流线弯曲，下方流线相对平直。这种弯曲流线也会增强上方的流速，从而进一步增加压力差，增强升力。伞梯发电装置中的伞并非固定在一个角度，它们通常可以动态调整迎风角度，以优化升力。通过调整伞的迎风角度，可以改变空气流过伞的路径长度和流速，从而调整升力的大小。较大的迎风角度可以增加升力，但也会增加阻力，必须找到平衡点。伞梯发电装置通常配备自动控制系统，能够实时监测风速和风向，并调整伞的角度以最大化升力和发电功率。

同时，伞的升力还受到风速、风向以及伞的尺寸和材质的影响，风速越大，伞的升力越大，但同时也增加了结构强度的要求。风向的变化需要伞具备灵活的调整机制；伞的尺寸和材质直接影响升力的大小和稳定性。较大的伞可以产生更大的升力，但也需要更强的材料和结构设计。总之，伞梯发电装置中伞的升力主要通过空气动力学原理产生，依靠伯努利效应，在风力的作用下，伞的上表面和下表面之间产生压力差，从而形成升力。通过动态调整迎风角度和优化设计，伞梯发电装置能够高效地利用风能，转化为电能。

### 3.2.2.2　单伞流动特性分析

伞的流动与钝体流动相似，伞后产生大规模的流动分离，并导致高阻力。由于气流在伞后产生不对称的脱体涡，伞周围的流场是非定常的，且通常气动力与系统动力学之间存在耦合。气动力会使伞产生形变，这将影响流动状态，流动的改变又将反过来导致形变，因此伞与空气的作用是复杂流固耦合问题。

有研究者对不同透气情况降落伞进行流场试验，并进行详细的流场分析，如图3-4

所示。图 3-4（a）为无任何结构透气量的流场测量结果，从中可以看出，伞衣上游及伞衣侧面（图中 C 区），流动很有规律。来流速度在伞衣前减小，并沿伞衣径向向外偏转，最后从伞衣边缘流出。A、B 两区流动极不规则。在伞衣内部，流线进入伞衣内后有一弯曲流动，对称轴的右侧为逆时针流动。尽管对称面的流场无法测量到，但是根据对称伞的特性，可以预测，在中心杆附近可能形成分离奇点或分离线，形成图 3-5 所示的流谱，左侧为顺时针涡旋，使伞衣内部出现显著的紊流现象。在紧靠伞衣外侧，速度并不为 0，表明对于这样一种零透气量的伞衣，还是存在少量的透气性[3]。

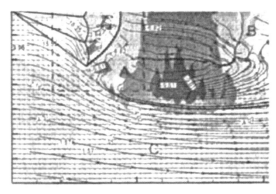 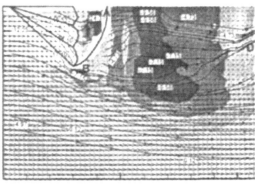

（a）无开孔　　　　　　　　　　　　　（b）有伞顶孔

图 3-4　模型伞的流场测量结果[4]

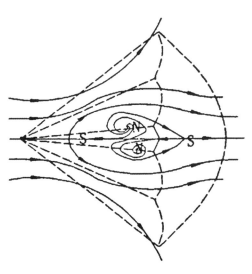

图 3-5　伞衣内流谱图[4]

从静压图来看，伞衣前贴近伞衣区域，静压达到最大值；来流绕伞衣边缘流出后，静压急剧下降，在伞衣后面形成负压区。正是由于伞衣内外的静压差，使伞产生足够大的压差阻力，从而起着增阻减速的作用。在伞衣底边边缘处，压力等值线密度较大。伞衣尾部产生两处负压。一处在伞衣底边边缘处，由于流体绕伞衣底边流动，使该处速度增加，静压降低，形成负压；另一处离伞衣外表面有一段距离（约60%的伞衣直径）。我们知道，一般绕刚体流动的负压区出现在尾部附近，形成这种情况的原因有二：一是伞衣存在一定的透气性，造成负压区后移；二是由于伞衣较大，对风洞的堵塞效应使出口流线遇到伞衣后，产生一定的外折，造成负压区后移。在负压中心的后部，流线出现汇集，在汇集结点的法向截面，将产生鞍点，呈现空间涡旋流动。由于负压中心一般也是涡旋中心，可知：负压处和流线汇集处这一片区域，流场极为复杂。对图3-4（a）测量压力场沿伞衣面积分，得到其阻力系数为0.73832，和平面圆形伞阻力系数为0.7~0.8非常一致[4]。

图3-4（b）为开有伞顶孔的B号伞的流场测量结果，可以明显看出有气流从伞顶孔A处流出，伞衣内的流线走向和不透气伞类似。同时，通过和不透气伞的对比，可以发现在伞衣前、后，静压绝对值均小于不透气伞的静压绝对值，这是因为伞衣顶部开孔，使伞衣内的气流未完全滞止，正压减小；同时伞衣后因有更多的流体从伞衣孔透出，涡旋强度减弱，负压绝对值也减小。在伞衣后同样出现两处负压中心，所处位置和A号伞类似，尾流区负压中心的后端同样发现了流线的汇集（D处）[5]。

### 3.2.2.3　单伞受力分析

单伞速度和受力分解如图3-6所示。风 $V_w$ 均为水平方向，伞与地面呈一夹角向斜上方运动，相对运动产生空气动力。在沿伞绳方向上，由于风速大于伞的运动速度，因此伞相对空气的速度沿伞绳方向向下，产生沿伞绳方向向上的阻力，即为伞的拉力 $T$ 。

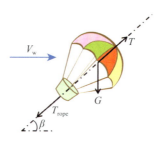

图3-6　单伞速度和受力分解

注：$T_{rope}$：伞绳拉力；$V_w$：风速；$G$：重力；$T$：伞的作用力；$\beta$：伞绳与水平线夹角

考虑伞主轴线方向上的速度，伞梯运行速度为 $V_T$，水平风在伞绳方向的分量为 $V_w$ $\cos\beta$。伞与空气的相对运动速度为两者差值。伞在空气中运动时产生的拉力大小与相对运动速度、空气密度、捕风面积等因素有关。可表示为：

$$T = C_T \frac{1}{2} \rho \Delta V^2 A \qquad (3\text{-}4)$$

式中，$C_T$ 为伞的拉力系数，为无量纲参数，表示伞受空气作用产生拉力的能力，它与伞的外形、透气性、相对速度、空气密度、雷诺数、风向与伞运动方向夹角等均有关；$\rho$ 为空气密度；$A$ 为伞的捕风面积。从伞的受力分析来看，空气给伞的向上的力，需要绳子的拉力 $T_{rope}$ 来平衡。

### 3.2.3 伞梯捕风力学分析

#### 3.2.3.1 伞梯做功过程

本书中，伞梯捕风装置的原理可简述为：氦气球下悬挂缆绳与地面发电装置连接，缆绳上布置若干个做功伞，利用做功伞空气动力效应捕获高空风能，带动缆绳向上运动，进而带动地面发电装置做功。

从伞组总体受力分析来看，缆绳的拉力与沿主缆绳方向的拉力相平衡，侧向力与平衡伞缆绳拉力相平衡。空气动力与风的大小、方向以及伞组的运动速度有着极为密切的联系。对于整个伞梯而言，伞梯的总拉力为伞绳上所有做功伞的拉力和，伞梯总功率为伞梯的总拉力与伞梯运行速度乘积。

#### 3.2.3.2 浮空气球受力分析

伞梯启动阶段，浮空气球用于把伞和缆绳从地面牵引到空中指定位置，确保做功伞顺利打开。因此，拉起的伞梯的重力等于其所受浮力（由于氦气球自重、平衡伞、传感器、开伞放伞装置的重量较小，在此处忽略不计），再利用浮力公式计算出氦气球的尺寸。

$$\left. \begin{array}{l} G = (N \cdot m_{伞} + m_{缆绳}) g \\ F_{浮} = \rho_{He} \cdot g \cdot V_{浮} \\ V_{浮} = \dfrac{4}{3} \pi R_{浮}^3 \end{array} \right\} \qquad (3\text{-}5)$$

式中，$N$ 为伞个数；$m_{伞}$ 为伞的质量；$m_{缆绳}$ 为缆绳的质量；$g$ 为重力加速度；$\rho_{He}$ 为氦气的密度。求解式（3-5）可确定浮空气球半径：

$$R_{浮} = \sqrt[3]{\dfrac{N \cdot m_{伞} + m_{缆绳}}{\dfrac{4}{3} \pi \cdot \rho_{He}}} \qquad (3\text{-}6)$$

伞梯做功阶段，浮空气球做功并承担平衡功能，受力分析如图 3-7 所示。

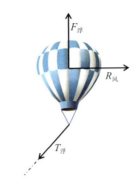

图 3-7　浮空气球受力分析图

注：$F_浮$：浮空气球浮力；$T_浮$：浮空气球的绳拉力；$R_风$：浮空气球侧向力

### 3.2.3.3　平衡伞受力分析

平衡伞起到保持整个伞组的平衡作用，受力如图 3-8 所示。由平衡伞受力分析可知，平衡伞的拉力 $T_b$ 与伞梯拉力 $T$ 在平衡伞伞绳方向分量平衡，平衡伞的总拉力与伞梯侧向力在垂直伞绳方向平衡，沿平衡伞伞绳方向上的力平衡，具体可由式（3-7）表示：

$$C_{T,b}\frac{1}{2}\rho V_b^2 A_b = T_{rope,b} \tag{3-7}$$

式中，$C_{T,b}$ 为平衡伞系数；$V_b$ 为平衡伞相对风速；$A_b$ 为平衡伞捕风面积。沿做功伞伞绳垂直方向上的力平衡，主缆绳受力可通过平衡伞缆绳与主缆绳夹角几何计算确定。总之，伞梯实际运行过程中，平衡伞运动较为复杂，具体受力需结合实际情况分析。

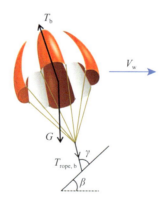

图 3-8　平衡伞受力分析

注：$G$：重力；$T_b$：平衡伞作用力；$V_w$：风速；$T_{rope,b}$：平衡伞绳拉力；
$\gamma$：平衡伞绳与缆绳夹角；$\beta$：伞绳与水平线夹角

#### 3.2.3.4 伞梯捕风关键影响参数

单伞以及伞梯整体的空气动力学分析过程中涉及多个影响参数，通过对这些参数之间关系的分析与总结，主要的影响参数有四个：水平风速、伞梯运行速度、伞的拉力系数和伞的捕风面积。

水平风速和伞梯运行速度的大小会影响单伞与空气的相对运动速度，进而影响单伞在空气中运动时产生拉力的大小；而伞梯运行速度的大小则会影响伞梯运行时的总功率。伞的拉力系数直接影响单伞与伞梯在运动时产生的拉力，由于其是无量纲参数，它的值与伞自身的属性、相对速度、空气密度和缆绳夹角均有关系，因此伞的拉力系数改变对伞组整体受力情况有较大的影响。伞的捕风面积也是直接影响伞组产生拉力大小的因素之一，与伞的形状有关。

## 3.2.4 空气动力学分析方法

单伞和多伞的气动力特性是伞梯组合高空发电系统设计和运行控制的基础和关键，主要取决于伞衣形状、气流攻角、雷诺数、伞排布形式等因素。参考航空领域降落伞的研究方法，获取气动力特性的主要手段可以分为理论分析、数值模拟和实验测试。由于伞工作过程具有极为复杂的动力学特征，涉及空气动力学、结构动力学、多体动力学等诸多学科，尤其充气过程是一个几何非线性与材料非线性并存的大变形结构动力学问题，因此理论研究方法具有一定的局限性。以下主要介绍数值模拟和实验测试两类方法。

#### 3.2.4.1 数值模拟方法

1）气动仿真常用方法

绕翼伞的流动一般为不可压流动，因此翼伞流场的数值模拟方法可分为有势流动的解析算法、涡元法和基于数值求解纳维－斯托克斯方程的计算流体力学（computational fluid dynamics，CFD）方法，其中后两种方法适合在较大的速度范围内求解复杂外形，因而得到了充分的发展和广泛的应用。以下只介绍涡元法和 CFD 方法。

涡元法是在建立流场方程的基础上，通过伞衣型面及尾涡面上的边界条件，解出绕伞衣流场的数值解。它的计算域只要将涡或者主要涡包括在内就可以满足计算要求，其优点是整个无耗散的流场可以用分布涡来代替，且在涡的输运过程中不会产生数值耗散，计算量要小于 CFD 方法。但涡元法由于求解高速流动问题时效果不十分理想，目前用于伞这类物体的涡元法商业软件较少，大量的工作需要编制程序来解决，这样就需要有程序算法验证的过程来确认软件的可用性，不适于那些要短时间内解决的问题。

与涡元法相比，CFD 方法能够比较全面地求解各种翼伞系统的流场，并有大量成熟的商业软件可供选择。由于翼伞尾流区的流动关系到伞衣表面的压力分布，为精确求解翼伞尾流区，用 CFD 方法时需要在尾流区精细划分网格。另外，翼伞系统在流场中产生的干扰比较大，为减少数值干扰需要将计算边界取在较远处，尤其是低速流动，因此网格数大、计算量大。对于真实风廓线下的伞组，可以通过数值模拟来准确评估它与空气之间的相互作用力。存在的关键问题有：伞组的流动属于大分离流动，计算收敛难、易发散、对网格的质量要求高，这对数值模拟提出了挑战；在真实风廓线下，风速随着高度的变化而变化，这使伞组中不同伞处的风速不同，如何在仿真中正确的设置边界条件是一个难点。

2）气动仿真算例

从工程对象、网格生成与数值模拟几个方面来介绍空中伞组空气动力学数值模拟的具体流程。做功伞由龙骨、伞体、伞耳、伞绳等组成，做功伞通过张开与关闭（或部分关闭）将风能转化为拉力，拉力再通过伞耳、伞绳、驱动器传递到主缆绳。图 3-9 为典型做功伞伞衣结构及尺寸示意图。

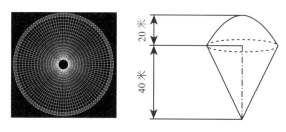

图 3-9　典型做功伞伞衣结构及尺寸示意图

在单个做功伞模拟中，假设伞体在空气动力的作用下张开成为标准的半球形。而在多个做功伞模拟中，位于下方的做功伞的顶端开孔与其上方的做功伞伞绳汇集处的距离暂定为伞张开时半径的 1.5 倍，伞组数值模拟的计算网格如图 3-10 和图 3-11 所示，通过对网格的合理优化可以提高数值模拟计算效率和精度。

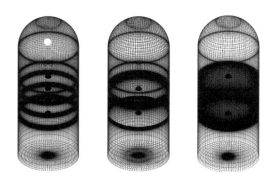

图 3-10　网格整体结构示意图

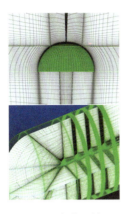
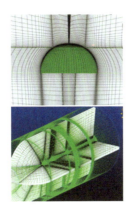
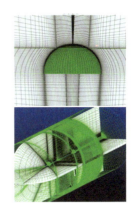

（a）四个伞网格 　　　　　（b）三个伞网格 　　　　　（c）两个伞网格

图 3-11　网格局部加密示意图

3）流固耦合仿真常用方法

伞梯实际的工作过程是流场与伞衣相互影响的过程，在许多情况下，做功伞的动态效应是十分显著的，特别是做功伞的载荷峰值往往发生在伞衣形状发生剧烈变化的充气阶段。这就要求流场模拟计算和伞衣结构模拟计算耦合起来，采用流场与结构耦合模拟（fluid–structure interaction，FSI）方法。根据耦合方式的不同，FSI 可以分为紧耦合和松耦合。紧耦合就是在每个时间步将流场方程与结构方程同时联立进行求解。这种耦合方式的不足是：流场与结构的特性不同，可能导致联立方程组为刚性；另外，结构方程的计算与流体方程的计算速度相差太大，导致计算资源的浪费。而松耦合是将上个时间步流体方程的计算结果传给结构方程，并进行下个时间步的计算，再把结构计算得到的结果传给流体方程进行下一个时间步的计算。这种耦合方式能够大大提高计算速度。

多节点模型是最早用于降落伞结构离散化处理的动力学模型[6]。最初，该模型仅用于降落伞的静态气动性能计算，之后随着耦合方法的完善，被广泛用于降落伞动态耦合的计算模拟。该模型的核心原理是将伞衣和伞绳上的气动力离散作用于由弹簧和阻尼连接的质点上，然后根据力学定律求解质点的位移，进而得出以质点表示的伞衣的形状变化。接着，根据已经得到的伞衣形状进行流体力学计算，获得此状态下的伞衣和伞绳的气动力，从而完成一个时间步的耦合计算。该模拟方法的显著特点在于使用了伞衣和伞绳的质点 – 弹簧 – 阻尼模型，使计算更加简便和高效。

变空间域 / 稳定时间 – 空间格式是用于降落伞仿真中的一种先进方法，特别适用于流场与结构耦合模拟，并在处理移动边界和交界面方面具有显著优势[7]。该方法通过将有限元格式改写为与问题相关的空间 – 时间域，灵活地适应不同仿真场景，自动考虑边界和交界面的移动。时间积分过程中采用稳定的时间步长格式，确保数值计算的稳定性和空间离散格式的一致性。交界面追踪和捕捉技术保证了仿真过程中对移动边界和交界面的准确跟踪，从而提高了仿真的精度和可靠性。

任意欧拉 – 拉格朗日（arbitrary Euler–Lagrange，ALE）方法是另一种适合于柔性伞流固耦合仿真的方法。ALE算法结合了拉格朗日描述和欧拉描述的优点，使网格可以随着物质一起运动，也可以固定在空间中不动，或者在一个方向上随物质运动、而在另一个方向上固定不动，这种灵活性使ALE算法能够准确地模拟各种复杂的物理现象。ALE算法通过网格重构和节点移动来实现流体和固体之间的相互作用（图3-12）。网格重构是通过改变节点之间的连接方式实现的，而节点移动则是通过求解流体和固体的控制方程得到，其控制方程有网格控制方程、耦合面结构控制方程、流体控制方程和伞的结构动力学方程。研究人员自2005年开始用ALE方法模拟降落伞的FSI问题，取得显著成效[8]。

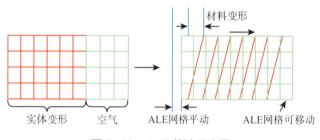

图 3-12　ALE 算法示意图

近年来，有研究者将浸没边界法（immersed boundary method，IBM）用于降落伞的FSI模拟[9]。IBM是一种数学建模和数值离散方法，采用欧拉变量描述流体状态，用拉格朗日变量描述结构运动边界。该方法无须处理复杂网格转换，提高了计算效率。IBM在模拟血液流动、湍流等方面取得成功，也用于研究降落伞的透气性对稳定性的影响。

### 3.2.4.2　试验测试方法

降落伞经过多年的实践已经建立了一系列理论，但是按这些理论所进行的设计、计算等并不能完全反映客观实际。对于新型伞梯组合式高空发电系统，开展试验研究获取准确的气动力特性，对于理论研究、方案设计和性能鉴定都有着极其重要的意义。试验研究主要包括风洞试验、拖曳试验、放飞试验等几种方法。

1）风洞试验

受风洞几何尺寸的限制，很多试验都是通过缩比模型来研究降落伞系统的气动特性。为了保证缩比模型性能测试结果和原型降落伞的相似性，通常需要保证雷诺数相似。如图 3-13 和图 3-14 所示，将试验件固定在试验段内，当气体以一定的速度流过模型时，测量记录流场的参数和缩比模型的气动力响应，即可推算出与模型相对应的原型降落伞气动特性。气动力测量技术是风洞试验的主要类型，气动力测量通常有测力法和测压法两种。测力法主要是用特殊设计的天平测量模型总体所受的力和力矩；测压法一般是测量模型表面或流场中相应点的压强，然后通过积分得到模型的受力情况。

（a）埃姆斯研究中心火星降落伞风洞试验　　　　　（b）航天器回收降落伞风洞试验

图 3-13　降落伞风洞试验

图 3-14　开缝翼伞风洞试验[10]

　　流动显示技术主要采用各种方法显示流动情况，便于理解和研究流动特性。流动显示技术所采用的方法可分为传统的流动显示技术和计算机辅助方法。传统的流动显示技术有：壁面显迹法、丝线法、示踪法和光学法，分别适用于不同的速度范围。示踪法通常采用的示踪物有烟雾示踪、染色、悬浮中性粒子、氢气泡、纹影、阴影、酚蓝等。

值得注意的是，降落伞的工作参数牵涉到动力学参数、运动学参数、结构形状参数等，大部分参数是动态的，有的经历时间非常短，必须大力提高测试反应速度和测试精度。诸如开伞过程的流场测量，由于是个时间非常短暂的动态过程，过去无法获得绕伞衣周围的速度场和压力场情况，现在采用粒子图像测速技术或多孔探针、流场显示发烟装置，使开伞过程的动态参数测量成为可能。

2）地面拖曳试验

由于风洞试验、空投试验是需要多部门参与和协调的大型试验，耗费大量的人力物力，且试验次数很有限，因此，可以结合以往伞型的试验数据，利用地面拖曳试验来计算和分析伞型的气动特性。图 3-15 所示地面拖曳试验是拖车牵引伞型模型运动，通过测量气流速度、伞绳拉力、翼伞姿态、拖车外形数据，分析得到翼伞对称面上的速度、过载和流场的变化；再将拖车的流场分离出来，从而计算伞型的气动特性；最后结合数值计算以及风洞试验来验证和修正，可有效获取伞型气动特性参数。地面拖曳试验是伞型气动特性试验的一个辅助试验，可快速得到较多的试验数据。由于其代价小、容易实现，已成为气动力特性研究的一个发展趋势。

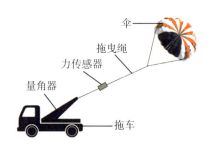

图 3-15　地面拖曳试验示意图

3）放飞试验

为了确保高空风力发电系统安全稳定高效运行，有必要开展放飞试验。试验通常选择风资源丰富且空域条件适宜的地点，来进行高空风能捕捉和发电技术的测试和验证。主要试验内容包括以下六个方面。

（1）选择试验地点：选择风速、风向稳定且安全性高的区域，以确保试验顺利进行。

（2）设备准备：包括风筝或气球、发电机、控制系统和传感器等。风筝或气球用于在高空捕捉风能，通过牵引力带动地面或空中的发电机发电。

（3）放飞操作：通过地面控制系统进行放飞操作，实时监测和调整风筝或气球的高度和位置，以确保风能捕集效率最大化。控制系统还负责风筝或气球的安全回收。

（4）数据采集：试验过程中使用传感器采集风速、风向、发电量等数据，实时监控设备状态和环境条件。

（5）数据分析：对采集的数据进行分析，评估高空风能发电的效率、稳定性和经济性，识别潜在问题和改进点。

（6）设备优化：根据数据分析结果，对放飞设备和控制系统进行优化，提升发电效率和设备可靠性。

## 3.3 风能捕获能力优化提升技术

伞梯陆基高空风能捕获装置的设计与研究，其目的是捕获更大的风能、转换更多的风能，以实现高效发电。因此，基于空气动力学理论与捕风机理，需要厘清高空风能捕获装置的捕风功率与效率的影响因素与方式，结合空气动力学增升提效手段，例如气动外形优化与流动控制等技术，使高空伞梯捕获更多的风、产生更多的能量，进而综合提升伞梯陆基高空风力发电技术的捕风能力与发电功率。

### 3.3.1 关键因素

功率和效率是描述物理系统能量转换和传递过程中的关键参数。通过研究伞梯陆基高空风力发电技术的功率和效率，可以了解系统的能量转换和传递过程中的能量变化、损耗和利用情况，进而实现风能捕获能力的提升。

功率是指单位时间内完成的功，表示能量转换的速率。功率用 $P$ 表示，单位是瓦特。功率的物理意义是描述单位时间内能量的变化情况。当一个物体在单位时间内完成的功越大，它的功率就越高。功率可以通过功和时间的比值来计算。而物体做功的多少，其定义变为作用在物体上的力与位移的乘积，进而功率就表达为力与速度的乘积。因此，对于高空伞梯系统功率就可以表示为做功伞受到的拉力与运行速度（绳速）的乘积。

对于单个做功伞，由前文讨论可知，其受到的空气动力产生的拉力可以通过一个空气动力学系数 $C_T$ 表示。因此做功伞的功率可以表示为：

$$P=TV_T=\frac{1}{2}\rho\left(V\cos\beta-V_T\right)^2 C_T S V_T \tag{3-8}$$

式中，$S$ 指做功伞的投影面积；$\rho$ 为空气密度；$\beta$ 为绳与地面的夹角。

效率是指高空伞梯能量转换过程中实际得到的有用能量与输入的总能量的比值。效率是一个物理系统的固有性质，表征能量转换的效率和能量传递的损耗情况。效率通常用 $\eta$ 表示，没有单位。效率的物理意义是描述能量转换过程中能量的利用效率。当一个物体的效率越高，它的能量转换效率就越高。

因此，对于高空伞梯系统，其捕风效率可以理解为做功伞捕获到的能量与风携带的能量的比值：

$$\eta = \frac{TV_T}{\frac{1}{2}\rho V^3 S} = \frac{(V\cos\beta - V_T)^2 C_T V_T}{V^3} \qquad (3-9)$$

从功率与效率的表达式可以看出，拉力系数 $C_T$、绳速 $V_T$、空气密度 $\rho$、来流速度 $V$ 等综合影响功率与效率的值。以下将分别讨论。

### 3.3.1.1 来流速度

来流速度是决定高空伞梯系统风能捕获能力的关键因素之一。风速越大，意味着高空气流蕴含的能量越多，风功率越大，高空伞梯系统功率便越大。因此，选择场址时最重要的便是选择风功率密度大的场址，以实现更高效的发电。

然而，除了风速因素，有利的风廓线以及正的风切变也是重要的影响因素。正的风切变意味着随着高度的增加，风速逐渐增加；而风切变为负则意味着随着高度增加，空中局部出现风速减小，此时做功伞可能存在坠落与倾覆的风险。因此，需要综合考虑风速与风廓线因素。

### 3.3.1.2 运行绳速与运行角度

对于做功伞捕风而言，来流速度 $V$、运行绳速 $V_T$ 与运行角度 $\beta$ 耦合影响功率与效率，其作用方式都不为单调函数。由于这三者综合影响做功伞感受到的风速与来流夹角，因此来流速度 $V$、运行绳速 $V_T$ 与运行角度 $\beta$ 存在最佳匹配方案。当来流速度 $V$ 越大时，需要较大的运行绳速 $V_T$ 才能合理匹配，产生更大的功率与效率。当运行夹角 $\beta$ 越大时，需要较大的运行绳速 $V_T$ 也能匹配最佳运行方式。

对于式（3-8）得到的功率，为了匹配最佳绳速，求取 $dP/dV_T = 0$。基于这种简化方式得到的最佳绳速为来流速度的 1/3：

$$V_T = \frac{1}{3}V \qquad (3-10)$$

基于此得到的优化的功率 $P$ 可表示为：

$$P = \frac{1}{2}\rho(V\cos\beta)^3 \frac{4}{27} C_T S \qquad (3-11)$$

除了考虑效率外，绳速与运行角度影响伞梯系统的运行安全。当运行角度过小时，会对地面的人员与房屋造成威胁，也会存在坠落风险。运行绳速过大时，存在潜在的地面设备失控等一系列问题。因此，需要以保证运行安全为前提，提升高空伞梯系统的功率与效率。

#### 3.3.1.3 空气密度

空气密度影响捕风功率，却对捕风效率没有影响。随着高空捕风装置运行高度的提高，大气密度便会逐渐下降。例如：海平面空气密度约为 1.225 千克 / 米 $^3$，而海拔 3000 米高原空气密度仅为 0.9 千克 / 米 $^3$，放飞场址的海拔差异导致的密度变换会使得发电功率降低 30%。然而，高海拔地区的风资源也有其优势，因此，要充分平衡风资源优势即密度损失，综合选择场址。

#### 3.3.1.4 拉力系数

综合式（3-10）与式（3-11），$C_T$ 系数与捕风功率 $P$、捕风效率 $\eta$ 成正相关关系。因此，增大做功伞的拉力系数对于高空伞梯系统发电功率提升具有显著效果。而做功伞的外形、做功伞所处的空气流动环境以及高空伞梯角度与风速匹配都影响做功伞的拉力系数。例如，降落伞设计中常用的半球形伞拉力系数可以达到 0.75，而环缝伞的拉力系数仅为 0.55（此处以名义面积，即伞布总面无量纲化）。另外，设置合理的缝隙、透气率，选取合适的材料也会改变做功伞的拉力系数。

而来流环境对于伞的影响，主要表现在做功伞能否捕获到足够动量的风。例如，当做功伞组间距过小时，空气流过前一个做功伞产生的尾流会影响后一个做功伞的功率与效率。尾流会改变空气携带的动量与能量，进而减小拉力系数 $C_T$，也会产生破碎与混乱的流动影响伞的运行。

#### 3.3.1.5 有效捕风面积

做功伞面积决定了捕风装置能捕获多少的风能，面积越大其捕获风能越多，功率越高。对于拉力而言，在 $C_T$ 系数恒定时，捕风面积越大产生的拉力越大。然而，实际放飞难度、加工制造难度以及储存运输等诸多因素限制了做功伞面积。例如，半径 40 米的做功伞可以具有较大的捕风效率与功率，然而近似一个足球场大的伞如何顺利开合、运行则具有工程挑战。另外，如此大的尺寸对于传统降落伞制造来说也存在一定的加工难度。

综合而言，从以上影响因素出发，可通过优化高空捕风装置的设计，利用空气动力学成熟的技术与手段，进一步提高捕风功率与捕风效率。

### 3.3.2 优化提升技术

与传统地面风力涡轮机相比，伞梯陆基高空风力发电技术通过捕获高空风能显著提升了风能捕获能力，但优化伞的结构和布局仍然必要。高空风资源变动性大，优化设计需适应变化，以最大化输出能量。不同的伞设计和排列会影响空气动力学性能，优化可减少干扰和损失，提高发电效率。

### 3.3.2.1 气动优化技术

为了进一步提高伞梯装置的整体捕风能力，可以从伞的形状设计、伞组的结构布局入手。气动优化技术利用优化算法和优化框架，对伞的外形和伞组布局进行设计和优化，使其更加符合空气动力学要求，从而提升捕风效率。因此，提升伞梯捕风能力的核心在于空气动力学优化设计，而优化算法和优化框架是其中至关重要的环节。

1）优化算法

优化算法包括梯度算法、遗传算法、粒子群优化算法等。其中，梯度算法是常用的优化方法，特别是在机器学习和神经网络中。它通过计算目标函数的梯度来调整参数，从而逐步优化目标值。简单来说，梯度表示函数在某点的变化方向和速度，帮助确定如何调整参数。

梯度算法提高风力捕获伞的效率的主要步骤：首先，定义一个目标函数 $f(x)$ 来衡量伞的捕风效率，参数 $x$ 包括伞的形状、捕风面积和材料特性。通过优化这些参数，可以最大化 $f(x)$。然后，对伞的形状进行参数化设计，如直径和曲率。计算梯度来了解这些参数对捕风效率的影响，并使用梯度下降算法进行优化，调整伞的形状。其次，每次优化后，通过计算流体动力学模拟进行验证，确保优化设计在实际风环境中有效。最后，将仿真结果反馈用于调整目标函数和优化过程，使伞的设计更高效。

遗传算法模拟自然进化的过程，不需要求导数，也不要求函数是连续的。它用概率来寻找最优解，能自动找到优化的方向。基本步骤是：随机生成初始种群，通过选择、交叉和变异产生下一代，重复这个过程直到满足终止条件。对于高空捕风装置而言，在一组随机生成的初始伞形状参数中，计算每个个体的适应度，即它的捕风发电效率。再通过选择操作保留适应度高的个体；交叉操作则是将两个个体的参数组合起来，以探索更大的解空间；变异操作随机改变一些参数，以增加多样性，避免陷入局部最优。重复这个过程，直到达到预定的迭代次数或目标函数收敛。经过多代进化，遗传算法能够找到最有效的伞形状参数组合，从而最大化目标函数。

粒子群优化算法的核心是通过群体中个体之间的信息交流，使整个群体在搜索空间中逐渐朝着更好的方向前进，从而找到问题的最佳解决方案。例如，利用粒子群优化算法来提高伞的抗风能力，首先，需要定义一个目标函数，把伞的形状参数化。然后，通过比较每个粒子的伞形状的优劣程度，找到全局最优解，也就是拥有最高适应度的粒子对应的伞形状参数。在每次迭代过程中，粒子的运动会受到它自身历史最优解和群体全局最优解的影响，朝着更优的解决方案移动。这个过程会不断重复计算适应度和更新位置，直到满足终止条件。粒子群优化算法流程图可以用图3–16来表示。

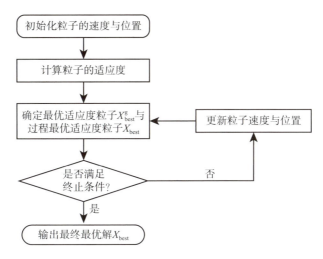

图 3-16 粒子群优化算法流程图

2）气动优化设计框架

气动优化设计框架包括直接优化设计和基于代理模型的优化设计。其中，直接优化设计框架可以系统性地提升飞行器或结构件的气动性能，也适用于优化伞的形状以提高风能发电效率。首先，确定优化目标，利用 CFD 技术建立伞的数值模型，模拟其在风场中的表现。随后，选择合适的优化算法（如遗传算法），在多维参数空间搜索最佳伞形状。其次，设定算法参数后，通过迭代找到最优解，并评估每个伞形状的性能。最后，进行试验验证，根据结果调整优化参数以进一步提升性能，流程图如图 3-17 所示。

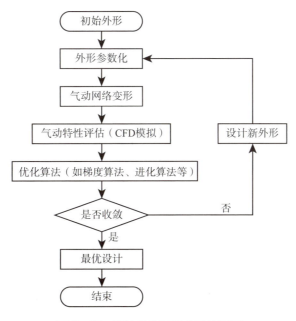

图 3-17 直接优化设计方法流程图

基于代理模型的优化框架利用统计或机器学习方法构建代理模型。优化过程中，在代理模型上找到最优解候选点，实际评估并更新代理模型，迭代直至满足终止条件。其优势在于提高计算效率，适用于高维复杂问题，可与多种优化算法结合。广泛应用于工程设计、机器学习超参数调优和计算机仿真，显著减少评估成本和时间。

基于代理模型的优化设计框架为改善伞的捕风发电效率提供了一种高效而创新的方法。在这一框架下，首先需要明确优化目标，即提高伞的捕风发电效率。通过收集与伞形状和风力捕获效率相关的数据，包括不同形状参数下的风力分布、风阻系数和能量转化效率等，建立起代理模型。这一代理模型可以利用各种机器学习技术，如人工神经网络等，将伞的形状参数作为输入，预测相应的捕风发电效率，从而实现对实际数值模拟的快速近似。

### 3.3.2.2 气动外形与布局优化

伞梯式高空发电装置利用高空强劲稳定的风能发电。提升风能捕获效率的关键在于对伞型和多伞之间的布局进行优化设计。通过调整伞形结构的形状、角度和伞体间距等，最大化捕风效率和发电效能。尽管气动优化已广泛应用于飞行器设计，但在伞形状设计领域仍有待探索，常用方法是基于代理模型的优化。基于代理模型的优化框架如图 3-18 所示。在这一框架下，首先利用高保真数值模拟或试验数据构建伞梯系统的代

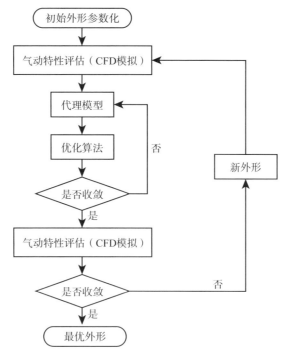

图 3-18　基于代理模型的优化框架

理模型。该模型通过捕捉关键参数（如伞体形状、角度、伞体间距等）与风能捕获效率之间的关系，形成高效的近似模型。接下来，基于代理模型进行优化算法的应用，如遗传算法、粒子群优化算法等。这些算法利用代理模型进行快速迭代计算，评估并优化伞体设计和控制参数。通过这种方式，能够在较短时间内找到伞梯系统的最优配置，提高风能捕获效率。

### 3.3.3　流动控制技术

高空伞梯运行中空气绕流的形态决定了做功伞等空中组件受到的气动力，进而影响发电功率与效率。对于单个做功伞而言，类钝体的气动外形诱发了大面积分离流流动。分离流流动是产生做功伞前后压力差进而产生拉力的根源。因此，调整、改变分离流流动的形态，使其提供更大拉力成为潜在提升功率的手段。

另外，不稳定的流动也会影响整个伞梯系统空中部件运行的稳定性。图 3-19（a）展示了单个伞扰流情形，气流流过降落伞后会诱发流动方向改变并形成漩涡。图 3-19（b）展示了当两伞距离较近时，第二个伞会浸没在低速漩涡区域之中。此时处于尾流区域的伞并不会提供有用的拉力，甚至会形成反向的力。例如，当两个做功伞间距为一倍做功伞直径时，此时总伞梯的拉力系数相比单独做功伞减少，加一个伞不仅增加了重量还使得总功率降低，可见，两伞间距至关重要。当做功伞的数量超过两个时，尾流效应影响也逐渐增强。处于尾流中的做功伞会产生更混乱、能量更低的尾流，下一个伞会处于更复杂的流动之中，产生反向的力，甚至存在无法打开的风险。因此，既要通过气动布局设计，给定合理的伞梯布置方式，也要考虑能否通过控制流动的形态，以实现消除尾流区域的大小，并使做功伞尽可能远离尾流区域。

（a）单伞尾流速度场　　　　（b）多伞尾流速度场

图 3-19　降落伞尾流及尾流影响数值模拟结果

这种控制流动形态与特性的技术，被称为"流动控制"技术。流动控制一词最早由普朗特[10]在1904年提出边界层概念时同时提出，它指的是通过对流体施加各种物理量，如力、质量和热量，来改变流动状态，从而改变物体的受力或运动状态。流动控制有多种分类方法，可以根据控制目标进行分类，如增加升力、降低阻力、抑制分离、降低噪声、增加流动稳定性等。另外，根据是否需要能量输入，也可以将其分为被动流动控制和主动流动控制。对于高空伞梯系统，可以利用潜在的流动控制手段，控制与改变做功伞、平衡伞等空中组件的流动形态，从而实现捕风装置的提质增效。

而对于高空捕风装置而言，通过设计做功伞的开口与开缝，实现对于流动的调制，或者在做功伞表面添加类似的涡流发生器的构件与装置，以实现对于尾流区域动量的补充，提高做功伞后流动速度，减少干扰。例如在滑翔伞中采用前缘切口，上翼面开缝的策略[11]。由于喷射气流的汇入，如图3-20所示，翼单元外部气流再经过开缝处以后的动量增加了，翼单元上表面的气流分离能够得到减缓。因此，既减少了失速造成的混乱的尾流，也提高气动力与运行稳定性，还使得伞更容易充气打开。

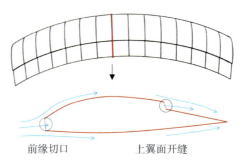

前缘切口　　　　　　　上翼面开缝

图 3-20　降落伞开口切缝示意图

涡流发生器是一种经典的被动控制方法[12]，其控制成本较低、机构简单且不会附加过多的装置设备。涡流发生器是一种尺寸较小的金属片。如图3-21所示，经典的涡流发生器是具有一定长和高的矩形或梯形形状[13]。涡流发生器通过产生的流状涡旋来诱导上洗或下洗尾迹区域。近壁流动和外部流动之间的动量混合显著增强，克服了较高的逆压梯度，并有效地抑制了分离的流动。涡流发生器已经在航空飞机与风力机叶片中实现工程应用，如图3-22所示。

因此，对于高空伞梯系统的尾流控制，在做功伞表面添加类似的涡流发生器的构件与装置，以实现对于尾流区域动量的补充，提高做功伞后流动速度，减少干扰。合理的涡流发生器会直接影响到下游伞感受到的来流速度，进而直接影响其捕获的风功率与捕风效率。然而，合理的布置方式与装置尺寸以及与流动状态匹配需要进一步的研究。

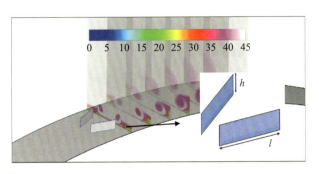

图 3-21　典型的涡流发生器形状及其对流动的影响

（a）飞机机翼上的涡流发生器[14]　　　　（b）风力机叶片上的涡流发生器[13]

图 3-22　涡流发生器的典型工程应用

　　主动流动控制是通过在流场中引入适当的扰动模式并与流场的内在特性相互配合来实现对流动的管理。相比于被动流动控制，主动流动控制的特点如下：能够在不同的流动状态下实现预期的控制效果；通过闭环控制系统对流场进行实时、精准地调节；控制机制较为复杂，生产成本较高；工作时需要持续的能量输入等。主动流动控制技术包括吹气和吸气、等离子体气动激励、合成射流激励、磁流体、微电机制动器和自适应结构等。合成射流[15]、协同射流[16]、吹吸气控制[17]等控制方法的研究已经广泛用于航空航天领域。这些控制方法通过向流动中注入高能、高速、高动量的气体，实现对于分离流等流态的控制。

　　协同射流技术，由美国迈阿密大学查格成教授提出[18]，具有零质量流量消耗、能耗低、控制效果显著的特点。如图 3-23 所示，由于后缘顺流向布置，与气流运行方向一致，因此协同射流技术通过从后缘吸气，经过小型的压气机进行加速并从前缘喷出，实现对于喷气口与吸气口间流动的加速。进而削弱流动分离。

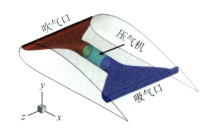

图 3-23　协同射流装置示意图

　　因此，类似的思路也可以应用于高空捕风装置流动控制的基础研究与工程应用中。通过在伞衣上设置合理的气源与吹气装置，为绕做功伞的漩涡流动注入更强的动量与能量，使流动分离缓解、尾流区域缩小，进而减少尾流干扰对于功率的消耗，也有助于做功伞的布置，减少缆绳的长度与重量。当然，工程实际中仍然要考虑主动流动控制手段的收益与成本，才能更好地服务于高空风力发电的功率提升。

## 参考文献

［1］田佳林，王雨飞，王班，等 . 航空降落伞技术［M］. 北京：北京航空航天大学出版社，2021.

［2］张霭琛 . 现代气象观测［M］. 北京：北京大学出版社，2015.

［3］Izadi M J, Razzaz R B. 3D numerical simulation of a parachute with two air vented canopies in a top-to-top formation［J］.Fluids Engineering Division Summer Meeting. 2008（48401）：435-443.

［4］余莉，明晓，陈丽君 . 不同透气情况降落伞的流场试验研究［J］. 空气动力学学报，2008，26（1）：19-25.

［5］Sundberg W. Finite-element modeling of parachute deployment and inflation［C］//5th Aerodynamic Deceleration Systems Conference，1975：1380.

［6］Stein K，Benney R，Kalro V，et al. Parachute fluid - structure interactions：3-D Computation［J］. Computer Methods in Applied Mechanics and Engineering，2000，190（3-4）：373-386.

［7］Tutt B，Taylor A. The use of LS-DYNA to simulate the inflation of a parachute canopy［C］. 18th AIAA aerodynamic decelerator systems technology conference and seminar，2005：1608.

［8］Kim Y，Peskin C S. 3-D parachute simulation by the immersed boundary method［J］. Computers & Fluids，2009，38（6）：1080-1090.

［9］卢章树，陈潇，张召明 . 上缘开缝翼伞模型风洞试验方法探索研究［J］. 航空精密制造技术，2020，56（6）：26-29.

［10］Prandtl L. Über Flüssigkeitsbewegung bei sehr kleiner Reibung［J］. Verhandl 3rd Int Math Kongr Heidelberg, 1905: 485-491.

［11］续荣华, 王震, 黄及水, 等.上翼面开缝的翼伞翼型气动特性研究［J］.航天返回与遥感, 2022, 43（3）: 1-11.

［12］Lin J C. Review of research on low-profile vortex generators to control boundary-layer separation［J］. Progress in aerospace sciences, 2002, 38（4-5）: 389-420.

［13］Zhu C, Chen J, Wu J, et al. Dynamic stall control of the wind turbine airfoil via single-row and double-row passive vortex generators［J］. Energy, 2019（189）: 116272.

［14］EagleZhang. 拂去历史的尘埃——别样芭堤雅［EB/OL］.［2020-04-03］. http://www.afwing.info/pics/u-tapao-rtnaf_5.html.

［15］罗振兵, 夏智勋.合成射流技术及其在流动控制中应用的进展［J］.力学进展, 2005（2）: 221-234.

［16］史子颉, 许和勇, 郭润杰, 等.协同射流在垂直尾翼流动控制中的应用研究［J］.航空工程进展, 2022, 13（1）: 28-41.

［17］刘沛清, 马利川, 屈秋林, 等.低雷诺数下翼型层流分离泡及吹吸气控制数值研究［J］.空气动力学学报, 2013, 31（4）: 518-524, 540.

［18］Zha G C, Paxton C. A novel airfoil circulation augment flow control method using co-flow jet［C］. 2nd AIAA flow control conference, 2004.

# 4 空地能量传输与电能变换

## 4.1 空地能量传输系统

　　陆基高空风力发电的基本原理是利用翼伞、滑翔机、伞梯组合等空中组件捕获高空中的风能，再通过空中缆绳和地面组件实现空地能量传输与电能变换。机械能在空地之间的传输（空地能量传输）方式分为拉力式和扭矩式。PN-14 高空风力发电系统（图 4-1）的空地能量传输方式为拉力式机械能通过缆绳的往复牵引运动传递至地面。该系统由德国 SkySails Power 公司 2020 年推出，额定发电功率为 200 千瓦，由动力伞、动力伞控制盒、能量传输缆绳、放飞/回收桅杆、引导滑轮、带发电机和齿轮箱的卷扬机、控制柜、标准集装箱、旋转安装平台组成。

　　（a）毛里求斯试验项目现场图　　　　　（b）发电系统组成结构原理图

图 4-1　PN-14 高空风力发电系统[1]

注：1：动力伞；2：动力伞控制盒；3：能量传输缆绳；4：放飞/回收桅杆；5：引导滑轮；
6：带发电机和齿轮箱的卷扬机；7：控制柜；8：标准集装箱；9：旋转安装平台

Daisy 高空风力发电系统（图 4-2）的空地能量传输方式为扭矩式，机械能以软轴扭矩及软轴旋转运动的形式到达地面。该系统由英国 Windswept and Interesting（W&I）公司推出，使用了柔性充气机翼，这些机翼环形排列，然后用一个单独的升降风筝提供升力来提升旋转的环形机翼组合。该系统折叠后可放入汽车后备厢，升空后可在距地面 30 米以下的低空域运行，在额定风速 10 米 / 秒工况下，系统输出功率可达 1.5 千瓦。

图 4-2　Daisy 高空风力发电系统示意图[2]

由于拉力式和扭矩式空地能量传输方式到达地面的机械能的形式不同，因此两者的地面组件构型原理也不相同。目前，国内外陆基高空风力发电项目主要以拉力式空地能量传输为主，本章后续内容也针对拉力式系统展开。在拉力式系统中，以缆绳拉力及缆绳直线运动为载体的机械能到达地面后，地面组件需完成随向顺应、运动转换、电能变换、容绳 4 个核心功能，以实现机械能的地面传输以及电能变换。随向顺应使地面设备能够利用任意方向的高空风能；运动转换模块通过牵引 - 旋转机构将缆绳的往复直线运动转换为发电机所需的高速旋转运动；电能变换是将机械能变换为电能；容绳则是解决数千米缆绳在地面的存储问题。对于不同构型方案的地面组件，一个功能可以由一个或多个机构实现，同时也可能多个功能由一个机构实现。本节将从地面组件功能的角度，介绍不同项目是如何实现这些核心功能的。

### 4.1.1　传动缆绳

钢丝绳和纤维绳均可作为传动缆绳，用于机械功率的长距离柔性传输。然而，与钢丝绳相比，纤维绳具有质量轻、柔顺性好的显著优势，因此在当前的高空风电项目中，纤维缆绳被广泛用于空地能量传输。纤维绳材料可分为两大类：第一大类是天然纤维，如棉、麻等；第二大类合成纤维，包括聚酰胺、聚酯、聚丙烯、聚乙烯等。根据表4-1中的物理性能对比，相同直径的聚乙烯纤维绳不仅承载能力略高于钢丝绳，且重量不到钢丝绳的五分之一。因此，聚乙烯纤维绳凭借其优异的轻量化和高承载性能，成为高空风电项目的理想选择。

表4-1　不同缆绳基本物理性能对比

| 缆绳类别 | 直径（毫米） | 线密度（克/米） | 最小破断力（千牛） | 国标 |
|---|---|---|---|---|
| 聚酯纤维绳 | 20 | 304 | 67 | GB/T 11787—2017 |
| | 32 | 777 | 160 | |
| | 40 | 1210 | 250 | |
| 聚丙烯纤维绳 | 20 | 181 | 56 | GB/T 8050—2017 |
| | 32 | 463 | 140 | |
| | 40 | 723 | 210 | |
| 聚乙烯纤维绳 | 20 | 232 | 340 | GB/T 30668—2014 |
| | 32 | 506 | 690 | |
| | 40 | 881 | 1130 | |
| 钢丝绳 | 20 | 1550 | 254 | GB/T 20118—2017 |
| | 32 | 3960 | 651 | |
| | 40 | 6190 | 940 | |

除表4-1所示线密度和最小破断力指标，在高空风电应用场景中，缆绳的传动效率是影响发电量的关键指标。传动效率主要受缆绳自身属性的影响，包括僵性和弹性伸长率。缆绳僵性是缆绳内阻的宏观表现，反映了其弯折的难易程度。当缆绳通过滑轮或卷筒时，由于曲率半径的变化，僵性会导致能量损耗。弹性伸长率则是指缆绳在小于断裂强力的拉力作用下，伸长值与原长度的百分比。弹性伸长率越大，缆绳在张力变化时产生的弹性滑动越多，从而降低传动效率。与钢丝绳相比，纤维绳的弹性伸长率通常较大，这对传动效率是不利因素。此外，纤维绳在首次加载时还会产生约4%的不可恢复

的结构性变形。表 4-2 对比了某款纤维绳与钢丝绳的弹性伸长率，具体展示了纤维缆绳和钢丝绳的弹性伸长率的差异。

表 4-2　某纤维绳与钢丝绳的弹性伸长率对比 [3]

| 加载载荷 | 10% 破断拉力 | 20% 破断拉力 | 30% 破断拉力 |
|---|---|---|---|
| 纤维绳（实测数据） | 0.9% | 1.3% | 1.8% |
| 钢丝绳（经验数据） | 0.3%~0.5% | | |

纤维绳的结构主要包括空心绳、实心绳、平行纱绳、核幔绳等，如表 4-3 所示，在高空风力发电领域，传动缆绳的选择应考虑其强度转化效率、伸长率和耐用性等。空心绳因其较小的伸长率和较高的强度转化效率，适合用于长距离、大负荷的传输，且具有较好的平衡性，不会在悬挂负载时发生旋转，适合频繁的动态负载。相比之下，实心绳虽然具备较大的弹性，但其较高的伸长率和较差的抗损伤性不适合高负荷环境。平行纱绳的强度转换效率较好，但弯曲性能较差，适用性较为局限。核幔绳外层为编制紧密的护套，具有较高的耐磨性。

表 4-3　常见编织方式特点对比

| 种类 | 特点 | 图示 |
|---|---|---|
| 空心绳 | 围绕中心空洞编织，形成管状或螺旋结构，牺牲部分强度以换取更高的柔韧性和能量吸收能力 | |
| 实心绳 | 编织时通过紧密绞合形成密实结构，内部无空隙，具有高强度但柔韧性较弱 | |
| 平行纱绳 | 具有良好的效果强度转换效率，但由于缺乏捻度或螺旋结构，纤维间难以实现载荷传递，且在负载下弯曲性能不佳 | |
| 核幔绳 | 外层为编制紧密的护套，具有较高的耐磨性；芯部由多股捻绳平行或扭曲在一起，改善了绳索的弯曲性能 | |

## 4.1.2　随向顺应机构

空中缆绳的拉力方向随风向变化而改变，地面组件需要能够对任意方向的缆绳实现有效收放，这种顺应缆绳任意方向的能力称为随向顺应能力。如图 4-3 所示，缆绳的拉力方向由两个独立参数（方位角 $\phi$、姿态角 $\theta$）确定。

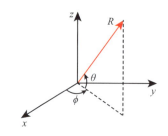

图 4-3　缆绳拉力方向定位参数

意大利的 KiteGen、德国的 SkySails、荷兰的 Kitepower 等公司采用旋转平台加定滑轮的构型实现随向顺应。地面组件的核心部分，如卷筒、增速齿轮箱、发电机等，均置于旋转平台上，通过平台旋转可以适应缆绳方位角的变化，进一步通过定滑轮可以适应缆绳姿态角的变化。

重庆交通大学提出了一种大功率高空风力发电齿轮式空地能量随动转换系统，如图 4-4 所示，该方案采用分体式设计，卷筒组件集成于旋转平台，发电机固定安装于地面，因此减小了旋转平台的惯量。当卷筒朝向发生改变时，空间轮系（包括面齿轮）可以连续地将功率传输到固定安装的发电机上。

图 4-4　齿轮式空地能量随动转换系统

荷兰的 Ampyx Power 和中国的绩溪中能建中路高空风能发电有限公司进一步取消了旋转平台，卷筒、增速箱、发电机均固定安装于地面，并通过万向滑轮（座）实现随向顺应，任意方向的缆绳经过万向滑轮（座）后均变成固定方向，如图 4-5 和图 4-6 所示。

图 4-5 Ampyx Power 公司的 AP2A 地面站实物图[2]

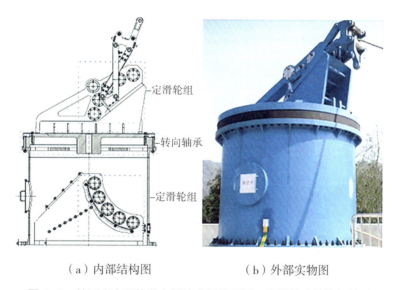

（a）内部结构图　　　　（b）外部实物图

图 4-6 绩溪高空风能发电新技术示范项目万向滑轮座结构与外形

### 4.1.3 运动转换机构

如前所述，陆基高空风力发电的空地能量传输方式分为拉力式和扭矩式，实际工程中以拉力式为主。在拉力式系统中，空中组件捕获的高空风能以缆绳拉力及缆绳直线运动的形式传至地面。为便于将机械能变换为电能，需要通过运动 – 能量转换机构将缆绳的往复牵引力转换为发电机所需的旋转扭矩。

目前，国内外示范项目的运动转换机构几乎都采用卷筒，因其具有结构简单、传动平稳、可靠性高等优点。此外，替代技术方案包括：①旋转木马式机构；②环形轨道系统，如图 4-7 所示。

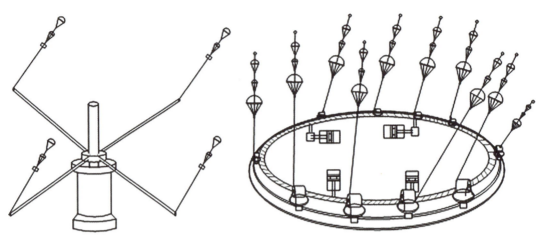

（a）旋转式风能动力装置示意图[4]　　　　　　（b）轨道式风能动力装置示意图[5]

图 4-7　非卷筒的运动转换机构

卷筒作为运动转换机构，从工作原理上可分为缠绕式卷筒和摩擦式卷筒，如图 4-8 所示。表 4-4 对比了两种卷筒的优缺点，从表中可以看出无论缠绕式卷筒还是摩擦式卷筒，提高磨损寿命和传动效率都是设计的重点。

（a）缠绕式卷筒　　　　　　　　　　（b）摩擦式卷筒

图 4-8　运动转换机构——卷筒

表 4-4　不同类型卷筒优缺点及设计要点对比

| 类型 | 优点 | 缺点 | 设计要点 |
|---|---|---|---|
| 缠绕式卷筒 | 结构简单，传动效率高 | 绳索长度受卷筒尺寸限制 | 正确排绳，避免嵌绳，提高磨损寿命，提高传动效率 |
| 摩擦式卷筒 | 绳索长度不受卷筒尺寸限制 | 绳索较长时需单独设置容绳卷扬机；单卷筒提供的摩擦力有限，双卷筒多匝传动会使结构更加复杂，降低传动效率 | 防止绳索打滑，提高磨损寿命，提高传动效率 |

## 4.1.4　电能变换装置

高空风电系统的运动转换机构获得的转速一般较低，通常低于 100 转 / 分，但发电功率却达数兆瓦，是典型的低速大扭矩载荷。选择不同类型和转速的电机与运动转换机构相匹配，可以得到直驱、双馈、半直驱三种不同的电能变换装置，每种装置在电能变换效率、购置成本、设备体积等方面存在较大差异。

### 4.1.4.1　直驱方案

直驱式发电机组主要由发电机、控制系统和其他传动链等组成。为了提高低速发电机的效率，直驱式发电机组采用大幅增加极对数（一般极数提高到 100 左右）来提高风能利用率，采用全功率变流器实现发电机调速。直驱式发电机按照励磁方式可分为电励磁和永磁两种。电励磁直驱风力发电机组采用与水轮发电机相同的工作原理，技术相对成熟。但励磁绕组会增加电机的体积和重量，且由于励磁绕组的功率损耗，发电效率要损失 2%~4%。

永磁直驱是近年来研发的风电技术，通过使用永磁材料替代传统的电励磁系统，从而简化了发电结构并减轻了设备重量。直驱永磁发电机通过主轴带动发电机的转子发出电能，主要由风力机、永磁电机及变流器构成。直驱永磁发电机无齿轮箱，可以减少故障、降低运行噪声。直驱永磁发电机效率高，发电效率平均提高 5%~10%，且无励磁损失，机械传动部件的减少会降低机械损失，从而提高整机效率。结构简图如图 4-9 所示。

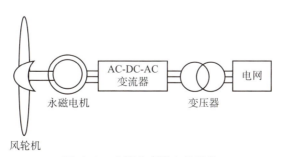

图 4-9　直驱永磁发电机结构

直驱永磁发电机有以下优点：

（1）发电效率高：直驱式风力发电机组没有齿轮箱，减少了传动损耗，有助于提高发电效率。

（2）可靠性高：齿轮箱是风力发电机组运行出现故障频率较高的部件，直驱技术省去了齿轮箱及其附件，简化了传动结构，提高了机组可靠性。

（3）运维成本低：采用无齿轮直驱技术可减少风力发电机组零部件数量，避免齿轮箱油的定期更换，有助于降低运维成本。

（4）电网接入性能优异：直驱永磁风力发电机组的低电压穿越使电网并网点电压跌落时，风力发电机组能够在一定电压跌落的范围内不间断并网运行，从而维持电网稳定运行。

直驱永磁发电机的缺点包括：永磁部件存在长期强冲击振动和大范围温度变化条件下的磁稳定性问题、永磁材料的抗盐雾腐蚀问题、空气中微小金属颗粒在永磁材料上吸附引起发电机磁隙变化问题以及在强磁条件下机组维护困难问题等。此外，直驱永磁风力发电机组在制造过程中，需要稀土这种战略性资源的供应，成本较高。

综上所述，直驱永磁发电机无齿轮箱，系统无齿轮箱故障，稳定性增强，运行噪声降低。但是，直驱永磁发电机需要增加永磁电机转子磁极数，会增加发电机的体积和质量。

### 4.1.4.2　双馈方案

双馈异步风力发电机广泛应用于全球风电市场，特别是那些风速变化较大的地区，其变速运行能力可以最大限度地捕获风能，提高发电量。此外，由于其能有效控制输出电流的质量，因此也有助于提升电网的稳定性和电能质量。

双馈异步风力发电机是一种可靠的电能转换装置，其本体由定子、转子、轴承系统及冷却系统组成，如图4-10所示。电机本体包含定子、转子和轴承系统，而定子绕组直接与电网相连，转子绕组通过变流器与电网连接。在双馈异步风力发电机中，定子绕组直连定频三相电网，而转子绕组则通过一个双向背靠背绝缘栅双极晶体管（insulated gate bipolar transistor，IGBT）电压源变流器连接到电网。这种设置允许发电机在不同的转速下实现恒频发电，满足并网要求。转子侧变流器控制有功功率和无功功率，电网侧变流器则负责控制直流母线电压，确保变流器运行在统一功率因数。

双馈异步风力发电机具有多项优势，例如不依赖电网励磁即可独立控制无功功率，并通过电网侧变流器实现无功功率的灵活传输。这些特性使双馈异步风力发电机在风力发电领域受到欢迎。与其他类型的电能变换技术相比，如直驱式永磁同步发电机和半直驱永磁同步风力发电机，双馈异步风力发电机因其技术成熟、成本低、重量轻而受到青睐。尽管双馈技术多用于中小型电机，且其高转速齿轮箱的故障率较高，但其技术成熟度高、成本优势显著，长期应用已验证其可靠性。

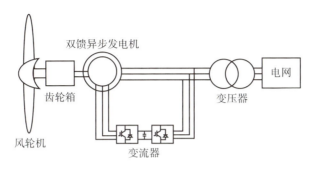

图 4-10　双馈异步风力发电机

### 4.1.4.3　半直驱方案

半直驱方案为解决直驱与双馈技术在大型化进程中暴露的局限性而提出，其融合了两者的核心优势。半直驱结构上与双馈是类似的，具有布局形式多样的特点，目前研究中的无主轴结构还具有与直驱形式相似的外形。相较于双馈机型，半直驱采用低传动比齿轮箱；相较于直驱机型，其发电机转速显著提升。这一设计既降低了齿轮箱的机械负荷（延长使用寿命），又通过匹配中高速发电机优化了大功率机组的制造可行性。

1）中速半直驱永磁发电机

中速半直驱永磁发电机组主要由齿轮增速箱、永磁电机和变流器构成。半直驱是介于直驱和双馈之间，齿轮箱的速比没有双馈的高，发电机也由双馈的绕线式变为永磁同步式。半直驱避免了直驱式驱动方案和高速齿轮箱驱动方案的诸多缺陷。其综合优势包括：①结构紧凑、重量轻；②维护需求低且可靠性高；③更适配大型风电机组。永磁半直驱同步风机系统的成本相对较低。中速半直驱永磁发电机结构如图 4-11 所示。

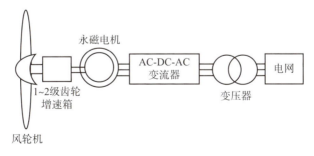

图 4-11　中速半直驱永磁发电机

2）高速半直驱永磁发电机

高速半直驱永磁发电机结构如图 4-12 所示。

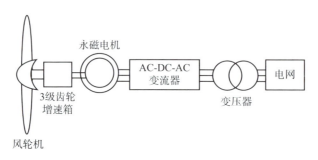

图 4-12　高速半直驱永磁发电机

在高速风力发电系统中，用永磁电机取代双馈电机的优点为：①取消了转子的集电环和电刷，提高了电机的运行可靠性；②减小了转子的铜耗和铁耗，提高了电机的效率；③减小了电机的体积和重量，提高了电机的功率密度。

## 4.1.5　容绳装置

容绳装置要解决数千米缆绳在地面的存储问题。当运动转换机构采用缠绕式卷筒时，卷筒本身具有容绳功能，无须单独设置容绳装置，如图 4-8（a）所示。当运动转换机构采用摩擦式卷筒时，由于摩擦式卷筒不具有容绳能力，需要单独设置容绳装置。容绳装置的核心是缠绕式卷筒，但与作为运动转换机构的缠绕式卷筒不同，做容绳装置的缠绕式卷筒上的缆绳张力较小，不容易出现咬缆、嵌绳等问题。容绳装置由电机通过联轴器驱动减速器，从而带动卷筒工作，卷筒前端装有排绳器，保证在高速收放时，缆绳排列整齐，如图 4-13 所示。

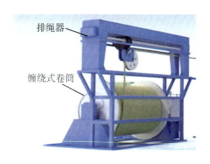

图 4-13　容绳装置原理图

目前，排绳器从功能上可以分为手动排绳及自动排绳，从驱动形式上又可以分为纯机械式驱动、电机驱动、液压驱动。纯机械式驱动以卷扬机滚筒为动力源，通过链传动驱动排缆装置，其结构尺寸较大，存在传动平稳性低、自动化水平不足的缺陷，且传动关系是固定的，传动比不能调整，只能对一定直径的缆绳进行工作，无法适应不同直径的缆绳，工作局限性较大。电驱动式通过伺服电机–丝杠机构实现导轮往复运动排绳，其系统成本较高，且需开发专用控制算法，工程实现复杂度显著增加。液压马达驱动和电机驱动类似，通过马达旋转带动丝杠转动，从而实现导轮在丝杠上的往复运动来实现排绳。

保持适当的预紧力对于容绳装置至关重要。预紧力过大易导致绳索之间相互挤压、磨损和能耗增大，尤其是绳索在卷筒上多层缠绕时；预紧力过小则易出现松弛，无法形成稳定沟槽，导致上层绳索陷入下层，造成排绳混乱，影响绳索的使用寿命。为了确保获得稳定的容绳预紧力，绩溪高空风力发电示范项目设计了重力式的张紧装置，如图 4-14 所示，该装置使设计行程内的缆绳张力保持恒定。

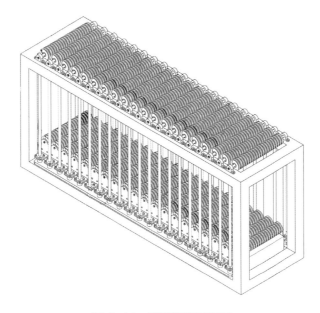

图 4-14　张紧装置示意图

## 4.2　空地能量传输与电能变换的损耗分析方法

当伞梯在风力作用下的拉力、速度已知时，要准确预测发电机的发电功率，其核心在于研究空地能量传输与电能变换过程中的能量损耗机理及规律。本节将对高空风能在长距离传输及电能变换过程中的损耗源及损耗分析方法进行简要介绍。

### 4.2.1 绳筒摩擦损耗

无论是缠绕式卷筒还是摩擦式卷筒，绳索与卷筒之间不可避免地存在相互摩擦，并产生绳筒摩擦损耗。绳筒摩擦损耗主要分为弹性滑动损耗和绳槽侧向摩擦损耗两类。下面分别介绍这两种损耗的产生机理及分析方法。

#### 4.2.1.1 弹性滑动损耗

弹性滑动主要由以下因素引起：①绳索材料弹性（拉力作用下的伸长效应）；②摩擦界面失稳（绳筒摩擦系数不足以平衡传动载荷）；③动态负载扰动（张力波动改变接触状态）。负载的波动会影响绳索的张力（图4-15），进而改变绳索与卷扬机之间的摩擦状况，这也是引起弹性滑动的一个重要因素。这些原因共同作用，形成了弹性滑动，进而影响了传动系统的效率和稳定性。

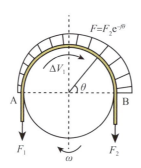

图4-15　绳索在卷筒上的张力分布规律

绳索纵向变形引起的蠕动：设衬垫不发生弹性变形，只考虑绳索弹性变形所产生的弹性滑动，以任意微元段为对象，其运行从 A 到 B 时，受力状态可以代表整个包角内的受力分布，绳索张力按欧拉公式分布：

$$F(\theta)=F_2 \mathrm{e}^{-f\theta} \tag{4-1}$$

式中，e 为自然对数的底，f 为摩擦系数。

由于绳索为线弹性材料，其微元段两端张力差引发非均匀轴向变形，进而产生绳 - 衬垫界面滑移，根据胡克定律可得绳索应变，对其在包角范围内积分即可得 AB 弧上任意微元段形变量，滑移量大小即绳索长度变化量，可得任意微元段与 B 处的变形量差值，将滑移位移量对时间求导，可解析包角接触区内绳 - 衬垫动态滑移速率：

$$\Delta V_1 = \frac{RF_2(1-\mathrm{e}^{-f\theta})}{EA}\,\omega \tag{4-2}$$

式中，$E$ 为绳索轴向弹性模量；$A$ 为绳索横截面积；$f$ 为绳索与衬垫之间摩擦系数；

$R$ 为卷筒半径；$F_2$ 为松边拉力；$\omega$ 为卷筒角速度。

设绳索纵向方向不变形，绳索在 AB 弧内长度不变，绳索对卷筒单位面积上的正压力为 dN，衬垫在绳索压力下产生形变，导致发生弹性滑动。衬垫微元段在径向的变形设为 $\Delta b$：

$$\Delta b (\theta) = \frac{F(\theta)\,\mathrm{d}\theta b}{E_k} \tag{4-3}$$

式中，$b$ 为衬垫厚度；$E_k$ 为衬垫的弹性模量。

卷筒运行的角速度为 $\omega$，绳索在卷筒上的速度为 $R \times \omega$，卷筒上绳索与衬垫的相对速度为：

$$\Delta V_2 = \frac{F(\theta)\,\mathrm{d}\theta b\omega}{E_k} \tag{4-4}$$

以 B 点为原点，由于张力变化，绳索产生"缩短"变形，方向指向 A 点，而衬垫变形引起的滑动速度与卷筒速度一致，故可得绳索与衬垫产生的总体弹性滑动速度为 $\Delta V_1$ 与 $\Delta V_2$ 之和，其产生的弹性滑动功率损耗为：

$$P = \int_0^\theta F(\theta)(\Delta V_1 + \Delta V_2) \tag{4-5}$$

摩擦衬垫径向厚度、速度的增大均会扩大蠕动速度的整体变动范围，而衬垫摩擦系数、弹性模量的增大以及衬垫径向厚度的减小可使总蠕动量减小。

### 4.2.1.2 绳槽侧面摩擦损耗

卷筒和滑轮上一般都有绳槽，绳槽可以对缆绳进行导向，并改善绳筒之间的接触状态。常见的绳槽有圆形、"U"形、"V"形等。在缆绳进入或退出绳槽时，常与绳槽侧面摩擦，尤其当缆绳与绳槽平面存在偏角时这种摩擦损耗会显著增加，如图 4-16 所示。

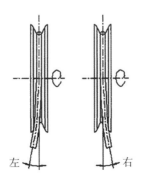

图 4-16 缆绳进入或退出绳槽时的偏角

### 4.2.2 绳索内摩擦损耗

绳索并非均质长圆柱体，而是由丝－股－绳多层级捻制或编织结构构成。载荷作用下（受拉／弯曲），绳索内部丝、股层级间的相对滑移会引发多尺度内摩擦损耗。缆绳内摩擦损耗与缆绳的变形状态密切相关，因此首先需要分析缆绳的动力学行为，获得长缆绳的变形状态，进而获得整个缆绳上的分布式内摩擦损耗。特别需要指出的是，在出绳点和入绳点，缆绳的弯曲状态发生改变，此处还会集中产生额外的内摩擦损耗。

#### 4.2.2.1 缆绳动力学及分布式损耗

缆绳动力学分析可以采用理论建模或商业软件建模。理论建模基于缆绳线性理论与赫兹接触理论，通过几何参数化（变形平层、螺旋股丝构型）解析股间接触特性。商业软件建模可采用通用有限元软件，使用梁元建立缆绳的有限元模型，通过添加合适的边界条件获得缆绳的拉力、姿态等动力学响应结果。

基于缆绳的动力学响应结果，可以进一步计算缆绳的分布式内摩擦损耗，计算的关键是获得缆绳内股间的接触力、摩擦力及相对运动。关于股间接触特性计算，依然有理论建模和商业软件建模两条技术路径。理论建模通过考虑变形平层、螺旋股丝的几何形状，利用缆绳线性理论和赫兹理论可以获得股间接触特性。理论计算所需要的参数包括缆绳股丝数、缆绳螺旋角、股间内摩擦系数、缆绳曲率半径、股丝泊松比和弹性模量等。商业软件建模则基于通用有限元软件，股丝可用实体单元或梁元，如图4-17所示。如用实体单元则计算量较大，不适用数千米缆绳的整体仿真。

图 4-17　分别采用实体单元（左）和梁单元（右）建立的编织缆绳模型

### 4.2.2.2  出入绳点集中僵性损耗

缆绳卷入卷筒时，将从拉直状态变为弯曲状态；缆绳退出卷筒时，又将由弯曲状态变为拉直状态。由于缆绳存在抗弯滞阻（含弯曲刚度与阻尼特性），其在弯曲状态切换过程中会引发局部滞回能量损耗。僵性损耗从产生机理上也属于内摩擦损耗，但它只发生在出入绳点，且与卷筒的半径直接相关，研究表明，科瓦尔斯基公式能较好反映此阶段的情况：

$$\Delta = \frac{Cd^2}{D^2} \tag{4-6}$$

式中，$d$ 为绳索直径；$D$ 为卷筒半径；$C$ 为系数，其取值随着绳上张力的增加而减小。

僵性阻力系数与速度和绳索张紧力都有关系，速度对绳索僵性阻力的影响是通过改变弹性变形引起的弯曲刚度和摩擦力引起的弯曲刚度的相对大小产生作用的。在张紧力较小时，绳的内摩擦力较小，速度对僵性阻力系数的影响很大；随着张紧力的增大，绳索的内摩擦力变大，速度对僵性阻力系数的影响越来越小；张紧力大到一定程度时，速度对僵性阻力的影响几乎消失。

## 4.2.3  绳索自重损耗

在伞梯拉力作用下，卷筒放出缆绳并获得扭矩，进而驱动发电机发电。在放绳过程中，伞梯的拉力克服绳索自重后才是有效的驱动力，因此需要考虑绳索自重对伞梯拉力的损耗。显然，绳索自重与缆绳长度有关。不太显然的是，相同绳索自重下，自重损耗还与缆绳的姿态角有关。

如图 4-18 所示，缆绳由于自重在空中并不是标准的直线，而是一段弯曲的垂线。图中 $A$、$B$ 两个端点切线与地面的夹角分别为 $\theta_1$ 和 $\theta_2$。根据绳索微元段受力平衡可得如下向量等式：

$$\vec{T}(L+\mathrm{d}L) + \vec{T}(L) + m\vec{g} = (0, 0) \tag{4-7}$$

式中，$m$ 为微元段的质量，其值等于 $\rho\mathrm{d}L$，即绳索的线密度乘以微元段长度。式（4-8）积分推导后，可以得出绳索自重损耗比例公式如下：

$$\zeta_w = 1 - \frac{F_1}{\sqrt{(F_1\sin\theta_1 + Mg)^2 + (F_1\cos\theta_1)^2}} \tag{4-8}$$

由式可见，绳索自重损耗随着缆绳质量 $M$ 和缆绳姿态角 $\theta_1$ 的增加而增加，随着绳

索拉力 $F_1$ 的增加而减小。

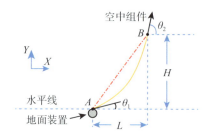

图 4-18　空中缆绳受力分析图

### 4.2.4　轴承摩擦损耗

地面传动系统用到了大量轴承，比如滑轮、卷筒、齿轮箱、发电机等具有旋转部件的地方均由轴承提供支撑。轴承一般为线接触或点接触，由其摩擦副所引起的功率损失即为轴承的摩擦功率损失。轴承的摩擦功率损失与轴承的摩擦力矩密切相关，轴承的摩擦力矩指各种摩擦因素对轴承旋转形成的阻力矩，是衡量轴承性能优劣的重要技术指标。

国内外对于轴承摩擦力矩的研究相对充分，计算方法也相对成熟可靠，总体上有三种途径：

第一种是经验计算公式。阻碍滚动轴承旋转运动的是摩擦力矩，用摩擦力矩以及轴或轴承外圈的速度可以计算轴承的功率损失。在滚动轴承试验的基础上，已经建立了相对低速工况下计算摩擦力矩的经验公式，在这种低速工况下，接触变形和速度对惯性力和接触摩擦力不会产生显著影响。帕尔姆格伦通过对各种类型和尺寸轴承的试验获得了计算轴承摩擦力矩的经验公式。这些试验是在从轻载到重载，中、低转速以及采用不同的润滑剂和润滑技术的条件下完成的。为了评价试验结果，帕尔姆格伦分别对不同载荷、不同润滑剂黏性及其填充量，以及不同轴承转速条件下的摩擦力矩进行了测量。结果表明，即使在重载情况下，对摩擦力矩的影响主要还是取决于滚动体与滚道接触处润滑剂的力学性能。然而，为了简化分析方法，仍然认为产生摩擦力矩的主要因素是外加载荷。在限于轴承以中、低速运转的条件下，帕尔姆格伦得出的滚动轴承摩擦力矩经验公式是相当有用的。

第二种是采用斯凯孚在线计算工具。斯凯孚是全球领先的滚动轴承制造公司，公司基于自身的研发经验及工程数据，提出了轴承摩擦力矩计算的斯凯孚公式。为便于用户使用，斯凯孚公司还将轴承摩擦力矩计算公式制作成了在线工具供所有人免费使用。

第三种是采用轴承计算专业软件。如 Adore 和 Romax。专业软件积累了大量工程数据，当知道具体轴承型号时，用专业软件计算轴承摩擦力矩较为方便。

## 4.2.5 齿轮传动损耗

齿轮传动效率的定义是指齿轮系统的输出功率占输入功率的百分比或者输入功率与损失功率的差与输入功率的比值。由于齿轮啮合功率损失占总功率损失的绝大部分，因此齿轮传动损耗研究主要集中在齿轮啮合齿面摩擦系数的计算上。从理论上主要有三类方法：

第一类认为齿面任意一个啮合位置上的摩擦系数都是一个常值。这些摩擦系数的取值范围因加工方法的不同而取值不同，通常情况下齿面摩擦系数取值范围为 0.1~0.5。这一类研究可以通过齿轮几何参数和动力学参数迅速计算得出齿面间的摩擦力，从而得出轮齿啮合引起的能量损失。但是这类研究往往忽视了滑动摩擦引起的损失，并理想地认为齿面摩擦系数只和齿轮几何参数及动力学参数有关。然而，摩擦损失受滚滑比、等效曲率半径、润滑油黏度、齿面粗糙度等多因素耦合影响。

第二类是基于大量的效率试验所得出的经验公式。这类研究的对象和试验条件都更加广泛，试验结果也更加准确。但又往往局限于特定的摩擦系数经验公式，并在特定的润滑条件、工作温度、载荷、速度和齿面粗糙度下，能够保证结果的准确性。

第三类是基于弹流润滑理论得出的齿面摩擦系数。先假设齿面处光滑，再通过油膜厚度公式计算出不同润滑条件下的齿面剪切应力分布，并考虑接触压力、表面粗糙度对润滑膜形成的影响。这类考虑齿面微观形貌影响的混合润滑摩擦系数模型，对准确计算齿轮传动效率具有重大意义。

除了以上理论计算方法，运用传动系统分析软件 Romax 也可以计算齿轮传动损耗，尤其是从系统的角度，获得考虑齿轮支撑系统变形以后的传动损耗。

## 4.2.6 电能变换损耗

在分析电机损耗时，首先我们应该知道电机的损耗可分为五类：定子绕组铜损、铁芯损耗（定子 / 转子）、机械损耗（风摩 + 摩擦）、杂散损耗逆变器损耗（开关损耗和导通损耗）。在发电机运行过程中，所有的损耗几乎都以发热的形式表现出来。图 4-19 为永磁同步电机满载损耗图，便于大家理解损耗分类以及所占比重。对铜损、铁损、开关损耗模型进行建模与分析介绍如下。

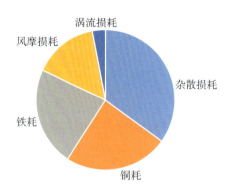

图 4-19　永磁同步电机满载损耗图

### 4.2.6.1　铜损模型建模与分析

首先，电机铜损主要为定子绕组铜损，它主要由两部分组成：一是线圈直流电阻产生的损耗；二是高频交变磁场在绕组中引起的附加损耗，这种高频附加损耗与电机的工作频率、绕组导体的尺寸及其在槽中的排列位置等多种因素密切相关。

总而言之，电机铜损发热源有定子绕组铜损，铜损又包括直流铜损和交流铜损。接下来我们对其直流铜损和交流铜损进行建模与分析：

1）直流铜损

绕组的直流铜耗具体的计算方法如下所示：

$$P_{dc} = mI^2R \tag{4-9}$$

式中，$m$ 为电机相数；$I$ 为电机绕组相电流有效值；$R$ 为相电阻值。在 $t\,°C$ 工作温度下直流相电阻 $R_{dc}$ 的计算公式如下所示：

$$R_{dc} = \rho_t - \frac{2L_{av}N}{\pi a[N_1(d_1/2)^2 + N_2(d_2/2)]} \tag{4-10}$$

式中，$\rho_t$ 为铜导线某工作温度时电阻率；$N$ 为绕组每相串联匝数；$a$ 为并联支路数；$L_{av}$ 为绕线平均半匝长度，后文中给出求解过程；$d_1$ 为第一股导线线径；$d_2$ 为第二股导线线径；$N_1$ 为第一股并绕根数；$N_2$ 为第二股并绕根数。

2）交流铜损

在生活中，常规电机可以分为直流电机、交流电机和步进电机三类。直流电机是最简单的电机之一，它由电枢、磁极、减速器、刷子、直流电源等部件组成。交流电机是应用最广泛的电机之一，它又分为异步电机和同步电机两类，异步电机是应用最广泛的交流电机。步进电机又称脉冲电机，它是一种具有定位精度高、速度稳定、噪声小等优点的电机。当常规电机绕组的电流频率较低，可以忽略集肤效应和邻近效应的影响，定子绕组铜耗计算非常简单，将三相绕组电流的平方与绕组电阻相乘即可得到较为准确的计算结果。但是对于高速电机而言，因为频率较高，集肤效应和邻近效应较为明显，对定子绕组铜耗计算结果影响较大，不能忽略其作用。集肤效应和邻近效应并未改变材料特性，但是会改变电流在导线内的分布情况，使部分截面无电流通过，相当于减小了电流有效通过面积，这使等效交流电阻明显比直流电阻大，从而产生更大的定子绕组铜耗。

而导体中的集肤效应和邻近效应是同时存在的，集肤效应和邻近效应统称为涡流效应，集肤效应与邻近效应引起的附加损耗统称交流铜耗，其本质是高频电流分布不均导致的有效电阻增加，与直流铜耗共同构成总绕组损耗。同时，由于电机运行时产生交变磁场漏磁通，使导体中的电子受磁场力的作用集中在导体表层流通，导体通电流的有效面积就减少了，也会增加导体的涡流损耗。

图 4-20 为电机涡流效应示意图。

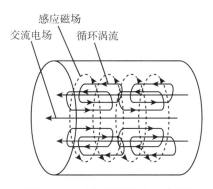

图 4-20　电机涡流效应示意图

接下来，本文对引起涡流效应的集肤效应和邻近效应进行一个简单的描述，便于读者对相关概念进行一个了解。

（1）集肤效应：集肤效应是指当导体处于交变磁场或者通入交变电流时，集肤效应使导体截面电流趋于表面分布，而截面中心部分只有微小的电流甚至没有电流通过，导致导体电阻增大，导体在 $\nu$ 次谐波电流频率下的集肤深度 $\delta_\nu$ 表达式如下：

$$\delta_\nu = \sqrt{\frac{\rho}{\pi f_\nu \mu_0}} \qquad （4\text{-}11）$$

式中，$\rho$ 为导体电阻率；$f_\nu$ 为 $\nu$ 次谐波电流频率，$\nu = 1$，3，5，…；$\mu_0$ 为真空磁导率。

集肤效应最早在 1883 年贺拉斯·兰姆的一篇论文中提及，只限于球壳状的导体。1885 年，奥利弗·赫维赛德将其推广到任何形状的导体。集肤效应使导体的电阻随着交流电的频率增加而增加，并导致导线传输电流时效率降低，耗费金属资源。在无线电频率的设计、微波线路和电力传输系统方面都要考虑到集肤效应的影响。

（2）邻近效应：邻近效应是指因受到邻近导体产生的磁场影响，而使导体本身电流密度重新分布。当相邻两根导体通入相同或者不同方向电流时，会表现出不同位置处导体呈现不同程度的一侧电流密度较大、另一侧电流密度较小的分布情况，降低了导体电流流通的实际利用率，反而增加了绕组交流损耗。图 4-21 为邻近效应示意图。

集肤效应和临近效应使导体的交流电阻 $R_{ac}$ 大于直流电阻 $R_{dc}$，两者关系可表示为：

$$R_{dc}=K_r R_{ac} \tag{4-12}$$

式中，$R_{ac}$ 是等效交流电阻；$R_{dc}$ 是直流电阻；$K_r$ 为直流电阻增加系数。

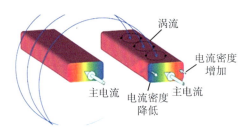

图 4-21　邻近效应示意图

### 4.2.6.2　铁损模型建模与分析

铁耗由三部分构成：磁滞损耗、涡流损耗，以及杂散损耗，这些损失皆发生于导磁材料（铁芯）中。因此，这样的损失简称为铁损。在永磁同步电机中，铁耗主要集中在定子侧，占据了总铁耗的绝大部分。尽管转子铁耗占比低（< 1.5% 额定功率），但其散热瓶颈（导热路径受限）与永磁体热敏性（钕铁硼退磁温度约 150℃）使温升控制至关重要。关于定子铁芯损耗的计算通常采用以下公式：$P_{fe}=P_h+P_c+P_e$。式中，$P_h$（磁滞损耗）、$P_c$（经典涡流损耗）和 $P_e$（异常涡流损耗）是定子铁芯损耗的主要组成部分。定子以及转子铁芯损耗在永磁同步电机中也是一个不可忽视的部分。由于定子基波磁动势与转子同步旋转，转子涡流损耗受到定子槽气隙磁导变化、定子绕组磁动势引起的空间谐波及绕组电流时间谐波的影响。

定子绕组电流时间谐波、定子分布绕组磁动势空间谐波和定子开槽引起的气隙磁导变化是产生转子涡流损耗的主要原因。在电机中，由于转子与基波磁场同步旋转，转子铁耗较小，在小型电机中基本占额定功率 1.5% 以下，对于百千瓦以上的电机往往在 0.4% 以下。然而，由于转子散热不如定子散热便利，并且电机常用的钕铁硼磁体的退磁温度较低，减少和计算转子涡流损耗成为高速电机设计工作的重要一环。

永磁体涡流损耗数值不大，只占总损耗中非常小的部分。虽然对电机效率影响很小，但是对于电机安全运行影响较大，不可忽略。转子是一个运动件，散热方式相对定子较少，且过高的温度可能会使永磁体发生不可逆退磁，所以减小转子涡流损耗非常重要。因此，减小转子永磁体涡流损耗以防止转子过热更为重要。下面简单介绍几种减小永磁体涡流损耗的方法。

相较于传统"一"字形转子结构，分块式永磁体设计（如哈尔巴赫阵列）通过磁路解耦与涡流路径截断，结合轴向分层绝缘，可降低谐波磁密渗透深度，抑制永磁体涡流生成流损耗影响。图 4-22 为哈尔滨工业大学学者寇宝泉提出的一种大幅降低永磁体涡流损耗的新方法，从图中可知，采用该学者研究的对称结构的永磁体的涡流损耗平均值为 36.1 瓦，错位结构为 5.6 瓦，降低了近 84.5%。

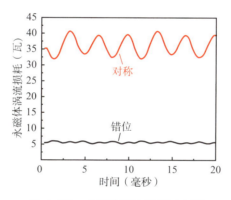

图 4-22　永磁体涡流损耗示意图

### 4.2.6.3　开关损耗模型建模与分析

在驱动电机系统运行时，在进行打开以及关闭驱动电机的驱动器的时候，其驱动系统会产生相应的损耗，逆变器通过功率器件（如 IGBT、SiC MOSFET）的快速切换调节输出电压 / 频率。开关损耗随开关频率提高而增加，需在控制精度与能效间权衡。开通损耗与关断损耗是可以通过优化进行降低的。在实际应用中，逆变器一般由多个电子开关管构成。而电子开关管主要是通过电子功率器件的快速开通与关断来控制电压和电流。随着开关速度的提高，控制精确度也会提高。但电子器件的快速开关会导致开关损耗的增加。因此，在保证控制品质的前提下，降低开关损耗更有利于永磁同步电机驱动系统的推广。

总而言之，电机的开关损耗是指在电机启动、停止或变速等过程中，由于开关器件（如接触器、继电器、变频器等）的导通和关断操作而产生的能量损耗。这种损耗通常包括两部分：导通损耗和开关损耗。下边我们对其名词进行讲解。

导通损耗：当开关器件处于导通状态时，电流通过器件时会产生导通损耗，这是因器件内部导通电阻造成的，导致电能转化为热能而散失。导通损耗随着电流大小和器件的导通电阻而增加。

开关损耗：开关器件在开启和关闭的瞬间，由于器件内部电压和电流的急剧变化，会引起开关损耗。这部分损耗主要包括开关过程中的电容充电和放电损耗、开关器件内部电感能量的损耗等。

1）开通损耗建模

图 4-23 为 IGBT 开通损耗示意图。通过研究开通过程内在机制，对 IGBT 开通过程的相关参数进行解释：① $t_{dc(on)}$ 是 IGBT 的电压 $u_{ce}$ 开启缓慢下降至电流 $i_{ce}$ 开启快速上升区间的时间，它不随电流最终变化量 $I_c$ 的变化而变化；② 当通态电流增加时，电流上升时间 $t_r$、反向恢复时间 $t_{rrd}$ 和 $t_{rrb}$ 都会增加；③ 当通态电流增加时，拖尾电流 $i_{tailN}$ 增加，但电流拖尾过程持续时间 $T_{tailN}$ 不随电流总体变化量 $I_c$ 变化；④ 在 $t_{1N}$ 与 $t_{2N}$ 之间 $u_{ce}$ 的下降量不随 $I_c$ 变化。下文当中的 $I_{rrm}$ 表示反向恢复电流；$U_{delN}$ 表示 $t_{0N}$ 到 $t_{2N}$ 之间总电压跌落。

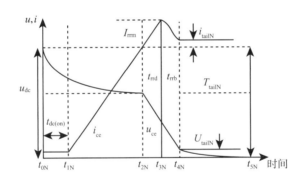

图 4-23　IGBT 开通损耗示意图

通过图 4-23 研究开通过程，我们可以了解到：

$[t_{0N}, t_{2N}]$ 时间段，总电压跌落 $U_{delN}$ 是第一阶段 $u_{ce}$ 曲线拟合的关键参数。IGBT 会提供电流上升时间 $t_r$ 及对应通态电流 $I_c$；

$[t_{2N}, t_{4N}]$ 时间段，该阶段曲线拟合所需的关键参数为任意通态电流下的 $I_{rrm}$。$u_{dc}$ 确定时，$I_{rrm} \propto I_e$，续流二极管数据表会给出确定电流 $I_e$ 时的反向恢复电流 $I_{rrm}$；

$[t_{4N}, t_{5N}]$ 时间段，该阶段波形拟合所需的关键参数为拖尾时间 $T_{tailN}$ 和拖尾电压 $U_{tailN}$。

2）关断损耗建模

图 4-24 为 IGBT 关断损耗示意图。通过研究关断过程内在机制，对 IGBT 关断过程

的相关参数进行解释：① IGBT 的电压 $u_{ce}$ 上升到稳态电压 $u_{dc}$ 期间，快速下降；IGBT 的电流 $i_{ce}$ 快速下降过程的时间 $T_{ifF}$ 与电流总体变化量 $I_c$ 无关；电流拖尾时间 $T_{tailF}$ 与 $I_c$ 无关；② $u_{ce}$ 在 $(t_{0F}, t_{1F})$ 内快速上升，与 $I_c$ 无关，过程基本固定；③电流下降过程影响 $u_{ce}$ 在 $(t_{1F}, t_{2F})$ 内的过冲过程。下文当中 $i_{tailN}$ 表示拖尾电流；$T_{vrF}$ 表示 $t_{0F}$ 到 $t_{1F}$ 的时间；$a_d$ 表示 $T_{vrF}$ 与关断延迟时间 $t_{d(off)}$ 之间的线性比例系数，即：$T_{vrF} = a_d t_{d(off)}$。

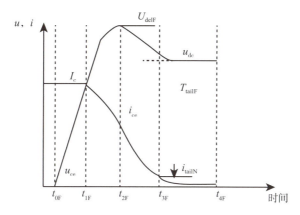

图 4-24　IGBT 关断损耗示意图

通过研究关断过程内在机制，我们可以看出：

$[t_{0F},\ t_{1F}]$ 时间段，从 $t_{0F}$ 时刻起，经 $T_{vrF}$，$u_{ce}$ 上升至 $u_{dc}$，$i_{ce}$ 保持为 $I_c$。$T_{vrF}$ 与数据表提供的关断延迟时间 $t_{d(off)}$ 保持一定比例关系，$a_d$ 不随 $I_c$ 变化；

$[t_{1F},\ t_{3F}]$ 时间段，$u_{ce}$ 随 $i_{ce}$ 的变化而变化；

$[t_{3F},\ t_{4F}]$ 时间段，$u_{ce} = u_{dc}$，$i_{ce}$ 进入拖尾阶段。

3）开关损耗分析

逆变器损耗表现为功率器件（主要是 IGBT）的开关损耗和导通损耗，而开关损耗远大于导通损耗，因此我们讨论逆变器损耗时忽略导通损耗，且只以 IGBT 为例进行分析。假设一个开关周期内，导通状态通过 IGBT 电流为 $I_s$，开关过程中，通过 IGBT 中的电流及两端电压是线性变化的。

其中，$D$ 为占空比，$T_s$ 为开关周期的时间。在仿真过程中，需要对 IGBT 的开关状态进行判断，设单个周期内 IGBT 的导通时间为 $T$。

单个调制周期内的损耗功率 $P$ 可以计算为：

$$P = \begin{cases} \int_0^\pi u(t)i(t)_{ce}, & T_{cmp} \leqslant 0 \\ \dfrac{1}{T_s}(W_{ON} + W_{OF} + W_{SR}), & 0 < T_{cmp} < 0.5 \\ 0, & T_{cmp} \geqslant 0.5 \end{cases} \qquad (4\text{-}13)$$

式中的 $T$ 为 SVPWM 模块中生成的开关的作用时间。

而减小开关损耗一方面要尽可能地制造出具有理想开关特性的器件，另一方面利用新的线路技术改变器件开关时期的波形，如：晶体管缓冲电路、谐振电路、软开关技术等，接下来，我们对这三种技术进行一个讲解。

（1）晶体管缓冲电路（加吸收网络技术）：早期电源多采用此线路技术。采用此电路，功率损耗虽有所减小，但仍不是很理想。原因是：①减少导通损耗在变压器次级线圈后面加饱和电感，加反向恢复时间快的二极管，利用饱和电感阻碍电流变化的特性，限制电流上升的速率，使电流与电压的波形尽可能小地重叠；②减少截止损耗加 $R$、$C$ 吸收网络，推迟变压器反激电压发生时间，最好在电流为 0 时产生反激电压，此时功率损耗为 0。该电路利用电容上电压不能突变的特性，推迟反激电压发生时间。为了增加可靠性，也可在功率管上加 $R$、$C$。但是此电路有明显缺点：因为电阻的存在，导致吸收网络有损耗。

（2）谐振电路：该电路只改变开关瞬间电流波形，不改变导通时电流波形。只要选择好合适 $L$、$C$，结合二极管结电容和变压器漏感，就能保证电压为 0 时，开关管导通或截止。因此，采用谐振技术可使开关损耗很小。所以，新西兰施威特克电源开关频率可以做到 380 千赫的高频率。

（3）软开关技术：该电路是在全桥逆变电路中加入电容和二极管。二极管在开关管导通时起钳位作用，并构成泄放回路，泄放电流。电容在反激电压作用下，电容被充电，电压不能突然增加，当电压比较大的时候，电流已经为 0。

我们对电气系统能量耗散分析有助于理解能量在系统中的流动和转换过程，以及如何通过改进系统设计和优化操作来减少不必要的能量损失。例如，通过智能电网中的能量管理系统，可以实现对电力的智能化控制和管理，避免能量的浪费，并实现能量的回收。这种管理系统的应用，可以根据用电负荷的变化情况动态调整电力的分配，使人们在保证用电需求的前提下，最大限度地减少能量的耗散。

总而言之，电气系统能量耗散分析的意义在于揭示能耗产生的根本原因，提供节能优化的理论依据和实践方法，促进能源的高效利用和环境的可持续发展。

## 4.3　空地能量传输与电能变换的效率提升方法

提升空地能量传输效率与电能变换效率是一个系统工程，可以从系统构型方案优化、部件参数优化和电机控制算法优化三个层面同时展开。

### 4.3.1　系统构型方案优化

从系统构型方案的层面，具体可以从三个角度提升能量传输与变换的效率。首先，可以通过选择合适的运动转换机构形式、直驱/半直驱电能变换方案来提升系统的能量传输与变换的效率；其次，可以通过系统集成提高系统的集成度，使一个部件完成多个核心功能，从而减少能量损耗环节；最后，可以通过合理的空间布局，减少缆绳的弯曲次数，减少滑轮数量，减少轴承数量等。

### 4.3.2　部件参数优化

系统方案确定后，部件取不同的设计参数得到的能量传输和变换的效率并不一样。例如，缆绳相关损耗与卷筒直径大小有关，增大卷筒直径可以减小缆绳弯曲的曲率，进而减少缆绳的僵性损耗；但增大卷筒直径会增加卷筒的转动惯量，使卷筒在加速和制动时需要消耗更多的能量。因此，从能量传输效率角度，卷筒直径存在最优值。同理，地面组件的其他参数也都存在效率维度的最优值。例如，大到增速齿轮箱速比这类系统级参数，小到绳槽曲线这类部件级的细微结构参数。优化流程为：①系统效率建模：建立多物理场耦合的全局能量传输方程；②参数灵敏度分析：筛选关键设计变量［如齿轮速比（$i$）、绳槽曲率半径（$r$）］；③约束优化求解：基于 NSGA–Ⅱ等算法平衡效率与惯量、成本等约束。值得一提的是，优化问题在求解过程中需要正确处理工程中的约束条件。

与一般纯机械的参数优化问题不同，高空风力发电系统是机、电、液、网、控等多物理过程融合于机电设备载体的复杂物理系统，也是将多种单元技术集成于机电载体，形成特定功能的复杂装备。装备运行时，其内部各子系统与环境间进行着能量、物质与信息流的多种传递、转换和演变。以高空风力发电系统为例，系统中多场耦合需通过联合仿真框架（如 FMI 标准）实现，例如：①机电耦合：电机电磁场–机械动力学联合求解；②流固耦合：气动载荷–缆绳形变双向迭代；③控制耦合：MPC 算法实时响应风速扰动。传统的粗糙模型以及各部分孤立设计的技术思路无法正确处理高空风力发电系统中的多种复杂耦合关系。要进行高空风力发电地面组件的设计，必须解决以下的典型问题。

#### 4.3.2.1　多尺度与异域参数拓扑关联的设计表达

复杂机电系统的多元、多维参数的设计空间可能存在大的跨尺度、约束不完整和设计空间不连续等问题，需要有相应的设计计算方法表达其间的不同关联。

#### 4.3.2.2　奇异工况及演变预示的目标寻优

复杂机电系统往往有多种非线性环节，诱导系统各种奇异演变，过程设计不仅要参数寻优，也应该能在全域搜索中揭示系统奇异产生机制和获得系统产生突变的预警参数集。

### 4.3.2.3 多物理过程的耦合与多单元技术的协同

物理过程的融合分析对单元技术提出功能与参数要求，而单元技术自身的技术逻辑对物理过程的选择性相容、约束空间及参数的多重协同等，往往不能显式地表达在一个模型中，从而带来设计的困难。这些是系统集成中的基本问题，也是复杂机电系统由原理发展为复杂机电装备所必须解决的设计原理问题。

此外，由于设计问题的复杂性、设计任务的繁重、设计目标的多样，各种分析与设计复杂系统（问题）的现代设计方法也已用于设计复杂机电系统，例如键合图法、连接理论、参考方法、耦合影像格子、宏观信息熵法、多级设计理论与方法、协同设计理论与方法、基于冲突解决的多目标式设计与方法等。

## 4.3.3 电机控制算法优化

机电系统硬件部分设计完成以后，软件部分搭载不同的控制策略和控制算法，可以获得不同的系统效率。控制策略（上层决策，如放绳速度设定、运行高度选择）直接影响系统发电效率；控制算法（底层执行，如电流闭环调节）则决定动态响应与能量损耗。以电能变换装置为例，简述如何通过控制算法优化来提高系统的效率。

根据控制目标的不同，现有的效率优化控制算法主要分为两大类：最大转矩电流比控制和最大效率转矩比控制。具体而言，最大转矩电流比控制在维持输出电磁转矩与目标转矩一致的情况下，尽可能地降低基波电流幅值，从而达到最小电机铜损的目标，如图 4-25（a）所示；而最大效率转矩比控制则是在维持目标转矩输出的同时，确保电机总电磁损耗最小，如图 4-25（b）所示。由此可知，最大效率转矩比控制是在最大转矩电流比控制的基础上进一步考虑了电机铁损的影响，旨在实现最小电机电磁损耗的运行，因此最大效率转矩比控制更加综合地考虑了电机的总体运行效率优化。

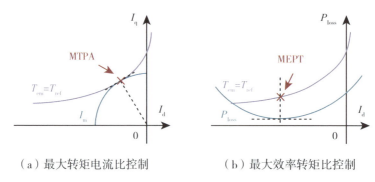

（a）最大转矩电流比控制　　　　　（b）最大效率转矩比控制

图 4-25　两种效率优化控制算法对比

根据算法实现方式的不同，最大效率转矩比控制可以分为：基于模型的方法和在线搜索法。其中，基于模型的方法根据技术路线的不同又可进一步分为在线计算法和在线查表法。在线计算法通常基于并联等效铁损电阻模型推导得到的最优效率电流控制指令计算公式，这可能涉及复杂的四阶运算，实际上难以解析求解；在线查表法主要通过离线方法确定目标工况下的效率最优电流工作点，不再受计算资源与运算速度的限制，也无须采用简化方法进行计算，从而保证了效率优化控制策略的性能。与此同时，在线查表法在实际运行过程中只需要根据运行工况查询相应的电流给定即可，无须额外的迭代调整，因而具有快速动态响应的优势，尤其适用于工况频繁变化的应用场景。

实际上，除了一些可由离线标定确定的、可预期的电机性能随运行工况偏移的情况，还存在一些非预期的电机特性偏移情况，例如不可逆退磁现象和自然老化等。这些特性偏移同样会导致目标转矩下的最优效率电流工作点发生变化，但是这些偏移情况无法被预先确定并用于查表，因此在线查表法将不再适用。在这种情况下，需要借助在线参数辨识技术来识别电机的实际性能，并通过在线搜索得到最优效率电流工作点。在线搜索法又可进一步分为：虚拟信号注入法、梯度下降法、扰动观察法。实际上，这些方法本质上都属于梯度下降法的各种变体，旨在搜索电机运行效率的极值。

## 参考文献

［1］Skysails Power. Airborne Wind Energy Systems［EB/OL］.（2022-09-06）［2024-09-21］.https://skysails-power.com/wp-content/uploads/sites/6/2022/09/SkySailsPower_Brochure_Airborne-Wind-Energy-Systems.pdf.
［2］Roland Schmehl. Airborne Wind Energy：Advances in Technology Development and Research［M］. Singapore：Springer，2018.
［3］李复懿，尹莉，钟懿，等.纤维绳与钢丝绳在起重机起升中的使用技术对比研究［J］.建设机械技术与管理，2018，31（10）：59-64.
［4］广东高空风能技术有限公司.旋转式风能动力装置：201110151529.X［P］.2011-10-26.
［5］广东高空风能技术有限公司.轨道式风力动力系统：201110343261.X［P］.2012-03-28.

# 5 耦合仿真与一体化协同设计

## 5.1 高空风力发电仿真模型研究综述

陆基式高空风力发电的技术路线分为刚性陆基和柔性陆基，两者均将发电组件设置在地面，通过空中飞行器捕获风能。两种技术路线的主要区别在于空中飞行器。

刚性陆基式的捕风装置采用刚性或固定翼飞行器捕获风能，如荷兰 Ampyx Power B.V. 公司采用了固定翼小型飞机进行捕风［图 5-1（a）］[1]；德国的 EnerKite 公司采用了刚性翼伞进行捕风［图 5-1（b）］[2]；此外，也有部分公司采用了其他特殊结构的刚性飞行器，如瑞士 Skypull SA 公司采用能够垂直起降的刚性盒式结构飞行器进行捕风［图 5-1（c）］[3]。

 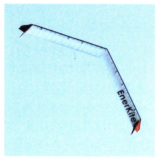 

（a）Ampyx Power B.V. 公司开发的 固定翼小型飞机[1] （b）EnerKite 公司开发的刚性 翼伞[4] （c）Skypull SA 公司开发的刚 性盒式飞行器[5]

图 5-1　刚性陆基风力发电系统

而柔性陆基式高空风力发电系统用柔性翼伞代替刚性机翼，如意大利 KiteGen 公司开发的小型柔性陆基高空风力发电机组样机［图 5-2（a）］[6]；另一种连接方式是通过一根缆绳连接控制器，在控制器后附上多根系绳分别与翼伞表面相连，从而达到控制翼伞姿态和飞行的目的，如德国的 SkySails Power 公司开发的样机［图5-2（b）］[7]以及代尔夫特理工大学和卡尔斯鲁厄应用科学大学在 Kitepower 联合项目中开发的样机［图5-2（c）］[8]。目前，国际上普遍采用单翼伞作为捕风装置，但该装置具有风能捕获效率不高、捕获量不大的缺点，且还需要机载装置与地面站建立可靠的长距离通信联系。

（a）KiteGen 公司采用的柔性　　（b）SkySails Power 采用的柔性　　（c）Kitepower 采用的柔性
　　翼伞[6]　　　　　　　　　　　翼伞[7]　　　　　　　　　　　翼伞[8]

图 5-2　柔性陆基风力发电系统

　　根据发电需求以及机组规模大小，地面站可采用移动式或者固定式。移动式地面站将发电机组装载于车上，因此其地面机组的大小受到限制，无法达到大功率发电的目标，但其可以不断地调整位置以达到连续或几乎连续地发电。虽然不同种类的捕风组件在空中运动过程不同，但不同固定方式的地面站内发电机理相似，均是通过上述刚性或柔性飞行器、翼伞等将空气动力转化为牵引力，并带动地面站发电机发电。常规的柔性陆基高空风力发电系统以单一柔性翼伞在空中做"8"字形绕飞发电，而伞梯式高空风力发电系统以柔性做功伞配合缆绳上下往复运动发电。虽然这两种柔性捕风结构的工作原理不同，但捕风结构的柔性特性以及牵引缆绳带动地面卷扬机工作等过程相似。因此，对现阶段已有高空风力发电系统的研究值得伞梯陆基高空风力发电系统借鉴参考。

　　高空风力发电系统的仿真研究和设计涵盖多个关键领域，包括空中组件的空气动力学建模、缆绳结构力学建模、发电机组整体建模以及系统控制和优化等方面，需考虑空气动力学、柔性结构动力学以及机电耦合动力学等多学科、多体系的交叉融合。空中组件的空气动力学建模需要根据飞行器、翼型的结构特点和空气动力学特点构建合适的仿真模型，以模拟其在空中的运动过程。缆绳结构动力学建模则涉及缆绳的材料力学特性研究、非线性动力学分析和疲劳寿命预测，以确保在长久服役过程的动态仿真、寿命模拟的可靠性和准确性。发电机组模型需要对地面站中各个部件进行模化，以模拟电能转化的全过程。系统控制与优化则集中在系统布局以及系统运行策略，以实现最大化的风能捕获效率、空地能量传输效率和发电功率。

对于刚性陆基高空风力发电系统的仿真模拟研究主要集中在德国、荷兰等国家。在这些地区，已经有部分公司研制了小型样机，同时配套研究其仿真模拟和控制系统。德国弗莱堡大学基于 Ampyx Power B.V. 样机对小型飞机高空风力发电系统进行了仿真模拟研究[1]。其系统模型主要包含：风廓线模型、刚性机体模型、缆绳模型以及地面站模型。在风廓线模型中，将风速近似为高度的函数，采用幂律关系描述高空中风速的变化。对于刚性机体的建模，采用六自由度运动方程对常规飞行器进行运动描述，刚性机体上所受空气动力通过率定的系数乘以机体的特征面积得到，从而构建高升力刚性翼系留飞行器的数学模型。而其在对于缆绳的建模中也进行了适当简化，由于考虑气动弹性效应和系绳下垂的精确系绳建模会显著增加整体模型复杂度，因此将缆绳建模为刚性连接，从而简化系统模型的计算量。地面站的建模是将卷扬机机构连接电动机组成。通过该简化模型，研究了不同风速下的优化控制问题，对飞行控制和飞行轨迹进行了优化。

荷兰代尔夫特理工大学基于 Matlab 开发了相关模型对固定翼陆基发电系统的工作循环进行模拟[4]。系统模型如图 5-3 所示，采用模块化方法对各个组件进行建模，模型包含飞行器运动模块、空气动力模块、飞行控制和路径规划模块、地面卷扬机模块、缆绳模块以及风场模块。图中 $\theta_n$ 和 $\phi_n$ 表示飞行器的方位角；$p_j$ 表示质点位置；$m$ 表示质量；$p_{kite}$ 表示飞行器位置；$v_{kite}$ 表示飞行器的速度。飞行器运动模块采用标准的刚体六自由度运动方程来描述刚性飞行器在三维空间中三个平动自由度和三个转动自由度，从而获得飞行器的运动状态和对应位置；作用在飞行器上的力和力矩被定义在空气动力模块中，采用查表或流固耦合计算模拟的方式直接给出固定翼飞行器所受的空气动力；飞行控制和路径规划模块通过控制参数输入以控制飞行器的姿态角，从而确保其在牵引阶段沿着一个"8"字形轨迹飞行，而在回缩阶段，沿弧形收回；地面卷扬机模型用以提供地面站的约束力；相较于直接对缆绳采用刚性描述，在该模型中缆绳模型采用准静态的集中质量模型来计算缆绳上的张力以及缆绳在空中对应的形状，使计算结果更符合实际情况；风场模型描述了高空风切变，给出实测的真实风廓线，以确定不同高度处飞行器和缆绳所受风速大小，提高模型模拟精度。基于该模型，对风速 22 米 / 秒状态下的工作循环周期进行了模拟，并求出了系统工作时的功率曲线，同时基于计算结果也进一步对系统进行了参数优化。

由此可见，对于刚性陆基高空风力发电系统的模拟通常采用模块化方式，在各个模块组件中引入适当的假设对复杂系统进行简化，从而构建系统整体耦合仿真模型。在考虑飞行器所受空气动力时常采用升阻力公式计算，虽然升阻力系数的查表法和流固耦合模拟都会考虑到飞行器的形状特征，但是在系统模型计算中将不再考虑飞行器的具体形状。在此类刚性陆基高空风力发电系统模型中，刚性飞行器被简化成为一个质点，采用

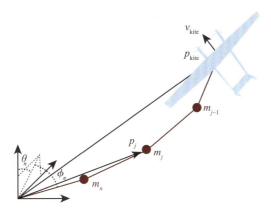

图 5-3　刚性固定翼高空风力发电系统模型示意图[4]

简单快捷的六自由度方程直接描述刚体运动，其受力作为约束附加到缆绳的一端。同时，实际情况下缆绳的受力复杂，对于放飞高度较高的情况，缆绳会产生较大的形变，且会受到不同风速下的风阻力，因此直接计算缆绳受力相当复杂。系统模型中常将缆绳视为刚性连接来降低模型复杂度，但这样忽略掉缆绳的变形会影响模拟精度；另一种方法是采用集中质量模型模拟缆绳的变形，该方法可一定程度上平衡模拟精度和模拟速度。在系统模型中，各组件的简化模型通过实际计算验证被证明是有效的，能够对发电功率进行较好地预测，为系统优化提供参考。

　　柔性陆基高空风力发电机组的发电运行机制与刚性陆基高空风力发电机组的技术路线基本一致，因此对于缆绳和地面发电机组的模拟是相近的。但考虑到柔性飞行器、翼伞的形变特性和连接方式的多样性，在进行全系统仿真模拟时不能简单地将柔性翼伞视为和刚性飞行器相同的一个质点，否则无法对柔性翼伞进行姿态和轨迹的控制。因此，对于柔性陆基高空风力发电机组的模拟需要对于不同连接模式、翼伞形状的柔性上部结构采取不同的模化方法。

　　针对以柔性翼伞作为捕风组件的高空风力发电机组，荷兰代尔夫特理工大学的研究人员开发了一种动态模型，综合考虑了缆绳、柔性翼伞和发电机等主要组件的动力学过程[9]。同样地，系统模型分为多个部分：大气模块、缆绳模块、空中翼伞模块以及地面卷扬机模块。大气模块类似于前述模型中的风场模块，用于确定翼伞工作高度以及缆绳不同段落所处高度位置的风速和空气密度。值得一提的是，在该模型中，风速的计算结合了幂律函数关系和对数函数关系，构建了一种组合的函数模型用以描述高空风切变。如图 5-4 所示，缆绳模块中采用同样的方法模化缆绳，即绳索被模拟为固定数量的集中质量点，$P$ 表示缆绳质点，质点之间通过弹簧阻尼元件连接，缆绳的初始长度随着系统工作时的卷入卷出而变化。由于柔性翼伞在工作中需要通过更多的形变和姿态调整来控制其运动轨迹，用于刚性翼伞的质点模型无法很好地模拟柔性翼伞的运动过程，从而为轨迹控制和系统优化带来困难，因此在该模型中采用了四点模型来模化柔性翼伞，如图中 $A$、$B$、$C$、$D$ 四点所示，质心位置为 $P_c$。模型中四点构成四面体，其中三个点分布于翼伞的顶端以及两端，一个点位于翼伞体外部，各个质点的质量分布根据实际柔性翼伞形态而定，质点间通过弹簧阻尼件连接。翼伞所受空气动力通过升阻系数分布在位于翼伞表面的三点上。在此基础上，翼伞的姿态就可以通过不同点的位置改变而改变，通过两侧的攻角变化从而实现转向的模拟。地面模块将卷扬机视为异步发电机、齿轮箱和缠绕系绳的卷筒的装配体。结合惯性系统的微分方程和发电机转矩 – 转速特性关系式对地面发电系统进行了建模。通过实际飞行试验数据，其对比了单点模型和四点模型在全系统仿真模拟中的效果，证明了针对柔性翼伞的模拟采用四点模型能够更好地模拟出发电输出，并且能够更好地进行轨迹控制和优化设计。

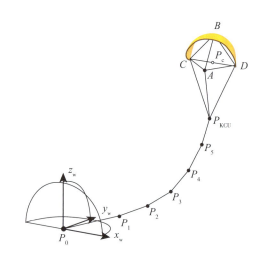

图 5-4　柔性翼伞高空风力发电系统模型示意图[9]

除了上述的简化模型外，部分研究学者对柔性伞采用了迭代耦合的办法来求解柔性翼伞复杂流固耦合问题[10]。将柔性翼伞的计算进一步细分为动力学模块、静态结构模块和空气动力模块三个部分，通过两两间迭代耦合求解来描述柔性翼伞的动力学过程和变形响应。动力学模块采用与其他研究类似的粒子模型描述翼伞、系绳和缆绳组成的系统。系绳和翼伞质点间由弹簧阻尼件连接，而缆绳被描述为与系绳连接的距离约束。静态结构模块是基于机翼的有限元离散，通过将翼伞前缘视为梁结构，并将翼面部分视为多个节点相连接。翼伞在内部弹力和外部空气动力的共同作用下发生位移，从而产生形变。此种模型虽然能够比四点模型更好地刻画翼伞的形变，拥有更高的流固耦合模拟精度，但离散化程度仍然不能与常规的有限元方法相比。空气动力模块基于更加精细的流固耦合研究，将定常的气动载荷分布到翼伞模型的各个节点上。在实际计算中，静态结构模块将形变后的结构传递给空气动力模块，空气动力模块将更新后的表面压力分布传回静态结构模块，并和系绳附着点处的力一同作为外部载荷施加到粒子系统模型上。动力学模块粒子模型受力更新位置信息，并将其传回静态结构模块。如此一来，各个模块之间迭代耦合求解柔性翼伞工作时的复杂流固耦合问题。通过测试发现，该模型能够描述柔性翼伞在"8"字形飞行工作时的宏观弯曲和扭转变形，是一种相对更为精确的模拟方法。

相关研究文献中已经提出了许多模型来描述陆基高空风力发电系统的工作特性，不同的模型在模拟翼伞的转向机制和模型计算的精度上都有所不同。由于柔性翼伞的形变特性是系统模拟的关键要素之一，相较于刚性飞行器的模拟，需要增加质点数量才能刻画翼伞的变形和转向。现阶段开发的模型中，四点模型能够较好地描述柔性翼伞的运动特性。如果需要进一步提升精度，则可以考虑将动力学粒子模型和结构模型耦合求解以获得更高的流固耦合计算精度。

## 5.2　全系统耦合仿真模型

目前，对于传统风机的全系统耦合仿真，美国国家可再生能源实验室开发了用于模拟风力涡轮机耦合动态响应的计算机辅助工程工具 OpenFAST。它具有模块化架构，包括空气动力学、结构动力学、水动力学、控制系统、电磁动力学和浮动平台模块，能够进行高保真度仿真，捕捉复杂的物理现象，适用于涡轮机设计、优化、研究、故障诊断和政策制定等多个领域。该模型用于模拟风力涡轮机及其基础结构在各种操作和环境条件下的耦合动力学响应。但对于高空风力发电系统，由于结构以及运行特性的不同，该模型并不适用。针对高空风力发电系统的特殊结构，国内外各研究机构和公司常用的陆基高空风力发电机组采用单个刚性飞行器或者柔性翼伞将风的空气动力转化为升力，并进一步转化为缆绳的牵引力从而提供给地面发电机组。这类技术路线已有一些积累，一些公司也已经开发出小型样机进行试验和商业应用，因此也发展出了一些配套的系统模拟工具。

但伞梯式高空风力发电机组采用降落伞型圆伞作为空中捕风组件，其空中组件形式和运行机制与国外常见高空风力发电系统也有较大不同。对伞梯式高空风力发电系统的全系统耦合仿真模型的研究仍然是一片空白。为了实现伞梯式高空风力发电机组的协同设计和优化，需要针对伞梯式高空风力发电机组构建全系统耦合仿真模型，填补相关研究空白。整个系统涉及多个飞行组件在风速风向变化的真实工作环境中位置、状态的时刻变化，加上做功伞开合等自身工作状态变化，使整个系统相较单个刚性飞行器或柔性翼伞的型式更加复杂。构建全系统耦合仿真模型需要厘清飞行、牵引、地面组件在动态激励下的动力特性、能量传递转化及模化方法，并研究发电系统强非恒定运行的能量传递、耗散与转化过程，从而探究大功率高空风力发电系统高效可行的实施路径。

### 5.2.1 系统整体框架

伞梯式高空风力发电系统主要包含飞行－浮空组件、空地牵引组件以及地面能量转化组件三大部分。对各部分进行单独的模化研究以形成适用于伞梯式高空风力发电系统的各组件模型后，将各组件进行耦合，形成系统模型，各部分之间的输入输出如图5-5所示。

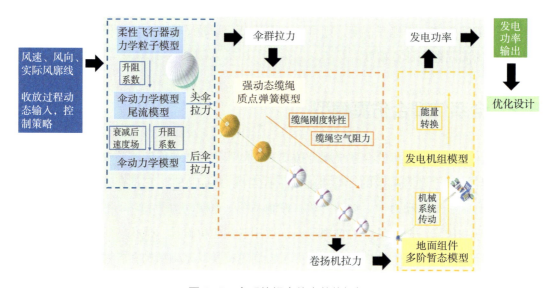

图 5-5　全系统耦合仿真整体框架

首先，真实情况下的风速、风向以及风廓线等风场参数和系统过程中收伞开伞以及控制策略等作为一系列输入参数进入全系统耦合仿真模型。耦合仿真模型中首先由飞行－浮空组件模型计算伞梯结构整体受力，将风能捕获并转化为伞群的拉力传递给空地牵引组件。在伞梯结构中，各伞的受力不尽相同，一方面，由于各个做功伞处于伞梯中不同位置，因此其所受实际风速不同；另一方面，空气在经过各个伞后会产生尾流，使位置较近的伞会产生相互干扰。为了更好地模化飞行－浮空组件的伞梯结构，获得更准确的伞群拉力，需要考虑不同位置做功伞所受的实际风场条件。经过飞行－浮空组件的计算，将伞群拉力作为输入项传递给空地牵引组件。考虑缆绳的材料力学特性，从上至下逐步计算牵引力的传递和损失，得到整个系统实际传输到地面站卷扬机上的实际拉力。由于在实际工作中，高空风力发电系统的放飞高度会处于 500~3000 米，因此缆绳在空中的形变以及其所受的空气阻力不能忽略，与国外放飞高度较低的小型样机相比，系统模型不能简单地将缆绳考虑为刚性约束，需要进一步研究。同时，系统工作的收伞放伞过程的交替运行使缆绳长期在加载和卸载中转化，而在不同风速下，缆绳上所受荷载也在变化，缆绳的材料力学特性会受到影响。因此，在空地牵引组件中如何更准确地刻画缆绳在不同工况下的实际力学特性也是研究的关键。当拉力传递到地面能量转化组件中后，通过地面机械传动、发电机等多阶暂态模型，计算得到发电输出功率，从而完成伞梯式高空风力发电机组从高空风到地面电的能量转化全过程模拟。基于仿真模拟，可以进一步对系统组合方案、空间布局、运行策略等进行协同设计和优化。

此外，系统工作在 500~3000 米的高度，其外部环境也相对复杂。对于风速和风能资源来说，虽然高空的风速通常比地面更高且更稳定，风力资源更丰富，但风速在垂向上一般存在明显的梯度，而系统在工作时缆绳处于循环收放的动态过程，不同位置处的做功伞所受风速会不断变化，系统模拟需要考虑沿缆绳方向的风速分布以保障模型模拟的精确程度。而高空中也可能存在较强的湍流和风切变，需要考虑高空风力发电系统空中组件在高空复杂环境中的稳定性问题。此外，随着高度增加、空气密度降低、大气压力降低，浮空气球的浮力会受到影响，做功伞受到的空气作用力也需要考虑密度的影响，这些都应考虑在系统设计中，以准确分析风力发电设备的空气动力学性能和能量捕获效率。同时，高空的温度条件较地面更为极端，特别是北方寒冷地区的冬季，还需要考虑设备能够适应低温等极端环境。高空雷暴等极端的气象条件也是不可忽略的环境因素之一，需要采取措施保护设备免受雷击和电气干扰的影响。

## 5.2.2 飞行 – 浮空组件

在伞梯式高空风力发电系统中，采用超大型圆形做功伞作为捕风组件，其工作气动力学与阻力型降落伞有一定相似性。做功伞内部受风，主要沿着伞张开面的法方向产生阻力并拖动缆绳运动，从而实现发电。但做功伞的工作状态也与降落伞存在差异，其所受侧向力或升力也不可完全忽略。现阶段，国外各公司已研制的高空风力发电系统多是采用翼伞等升力型飞行 – 浮空组件，主要利用翼伞的侧向力或升力拉动缆绳做功；而伞梯式高空风力发电系统采用了阻力型飞行 – 浮空组件，二者在气动力学上存在显著差异，因此需要进一步研究伞梯式高空风力发电系统中飞行 – 浮空组件的模化方法。

对于飞行 – 浮空组件的模化，最精确的方式是采用 CFD 方法进行模拟，通过对伞进行精细化建模来解决这一复杂的流固耦合问题，获得伞体在工作过程中的形变以及伞梯上的拉力。现阶段已有许多研究学者通过高精度 CFD 方法来求解降落伞等的流固耦合问题，如 Takizawa 等人建立了柔性降落伞的流固耦合模型，并根据降落伞的具体设计参数研究的需要，研究了悬挂线长度、负荷和操纵索长度等参数对降落伞工作的影响[11]；Yu 等人提出了降落伞的数值建模方法，建立了具有精细结构的降落伞模型，采用拉格朗日－欧拉流固耦合方法模拟折叠降落伞的充气过程，给出了流场和结构的动态变化，并捕捉到初始充气阶段结束时出现的载荷跃变[12]。

这类模型重点关注空气动力学的精确模拟以及空气与伞体之间的双向流固耦合过程，其计算精度高但是需要消耗大量计算资源和时间。对于伞梯式高空风力发电机组，如果将整个缆绳上所有做功伞、平衡伞和浮空器都精细化建模，并进行 CFD 模拟，其计算速度和效率难以满足复杂外部环境和大量运行情景模拟分析。因此，此类精细化建模的方法可作为辅助手段，并不适用于全系统耦合仿真模型中飞行－浮空组件。在全系统耦合仿真模型中，需要对整个高空风力发电系统进行高效模拟从而实现对系统的协同设计和优化，这要求其计算速度较快，能够对风速、风向变化产生快速的响应，并且对收放伞以及姿态调整等控制策略作出快速模拟。因此，在全系统耦合模型中需要对飞行－浮空组件进行适当的简化。最简单的简化方式可借鉴国外研究中刚性陆基高空风力发电系统中对刚性飞行器、刚性翼伞的模化，即用一个质点代表飞行组件，通过对飞行组件状态的追踪，并根据对应状态的稳态气动升阻力进行计算分析。用单质点代替做功伞的计算效率高，但如何更好地描述做功伞在实际运动中的开合以及转向，并保障较好的计算精度仍需探讨。

采用多质点模化飞行组件也可作为一种选择。多质点法是一种兼顾计算效率和计算精度的模化方法，其能够模拟柔性伞动力学特性和结构特性。合理的简化方式，一方面使其能够在一定程度上刻画做功伞形变等细节特征，另一方面使其能够拥有较快的计算速度，用于快速或实时的模拟。这类模型具有中等复杂度，可一定程度平衡计算效率和计算精度的问题，在计算精度上虽然不如复杂 CFD 模型计算准确，但是能够大幅缩短计算时间；在计算速度上虽然不如单质点模型快捷，但是能够在一定程度上刻画飞行组件更多细节，使模拟结果相较而言更加准确。多质点法的关键在于质点数量、位置和质量分配的确定。在前人的研究中通过四个质点来模拟柔性翼伞，四个质点构成四面体，其中三个质点处于翼伞表面的顶端和两端用于模拟翼伞的变形，另外一个质点位于翼伞外用于实现旋转惯性和配置翼伞真实的重心位置，各个质点间通过弹簧阻尼件连接。各个质点间质量的分配以及弹簧阻尼件的材料力学参数依赖于实际伞的特性和相关更精细的数值模拟，从中率定出符合该伞的经验参数以供简化模型使用。在此类模型中，通常假设空气动力是分布在翼伞表面质点上，而翼伞外的质点负责控制转动惯量和真实重心位置的质点不受空气动力。伞空气动力的确定采用常规翼型的升阻公式并乘上相应的分配系数：

$$F = \frac{1}{2}\rho K v^2 A C \qquad (5-1)$$

式中，$K$ 为分配系数，对于多个质点来说要求最终的升阻比与单个翼伞的升阻比相同；$C$ 为升力系数或者阻力系数；$v$ 为风速；$\rho$ 为空气密度；$A$ 为对应的面积。同样地，各个系数的确定依赖于前期的 CFD 精确计算或者试验数据率定。对于伞梯式高空风力发电机组，采用降落伞型圆伞作为做功伞，其形状与常规翼伞不同，若采用多质点法模化，还需要研究其质点的数量、位置和质量分布。同时，多质点法需要配合 CFD 或试验结果率定升阻系数等关键参数，从而将空气动力合理地施加到伞的质量节点上。

飞行 – 浮空组件中另一个关键问题是伞梯中的尾流效应。由于伞梯采用串联结构，位置处于前方的头伞产生的尾流可能会对位置处于后方的伞产生影响。在常规风机的研究中，有许多学者提出了尾流模型来描述风经过风机后的流场，从而研究风机群中风机的相互影响。常用的尾流分析方法主要分为 CFD 模型、简化 CFD 模型和解析模型[13]。CFD 模型是对风机尾流场进行精细化建模，通过大涡模拟和雷诺平均等方法求解精细的尾流场速度分布，虽然计算精度很高，但是这类方法的计算代价也相当高。简化 CFD 模型是一种折中的办法，其通常采用叶素动量方法和动态尾流模型，对常规 CFD 计算适当简化。解析模型利用质量和动量守恒等基本物理定律，以及尾流的自相似特性，刻画涡轮机的尾迹形态，并建立计算速度亏损和湍流强度的方程。这类模型具有较高的计算效率和合理的精度，是优化风电场布局的主流方法。

对于伞梯式高空风力发电机组，单独做功伞的尾流与风机的尾流明显不同，无法直接借鉴现阶段常用的尾流模型。伞梯上通常布设多个做功伞，如果对每个做功伞进行精确的 CFD 计算，那么系统模型计算效率无法满足协同设计和优化的需要。因此，需要考虑采用计算效率更高的解析模型来刻画伞梯尾流。但需要指出的是，对于大型圆伞的尾流特性以及尾流解析模型的构建仍需开展研究。伞梯上做功伞沿着缆绳分布，工作时以横风为主，尾流的形态和方向与常规降落伞也大不相同。为了更好地描述伞梯中各个做功伞之间尾流的相互影响，还需要区分不同高度、不同位置伞所受风的差异，从而提高模型计算精度。

### 5.2.3  空地牵引组件

高空风力发电系统的空地牵引组件一般为轻质缆绳，其模化分析与海洋工程中的系泊系统相似。不同的是，在高空风力发电系统中环境流体为空气，缆绳常为超轻的超高分子聚乙烯材质，且缆绳需要不断循环收放。相较于国外常见的装置，伞梯式高空风能装置中的缆绳也有自身特点。在国外常见的高空风能装置中，缆绳顶部连接一个飞行组件，常以圆形或"8"字形路径绕飞。而在伞梯式高空风力发电系统中，缆绳的顶部与浮空气球相连，其下串联若干做功伞。飞行－浮空组件受风的作用将空气动力传递给缆绳，因此对于常规的高空风力发电系统来说，飞行－浮空组件提供的升力和阻力集中在缆绳的顶部；而对于伞梯式高空风力发电系统来说，浮空气球在顶端主要提供上浮力，而处于缆绳上不同位置的做功伞会提供力，因此该系统中缆绳会在除了两端之外的地方出现多个集中受力位置。此外，由于伞梯式高空风力发电系统预计工作高度在500~3000米，缆绳的长度很长，因此缆绳的自重和受到的空气阻力不可忽略。在真实风廓线下，缆绳不同位置所受风速不同，因此精确分析中还需考虑各个位置所受风阻力的不同。

对于缆绳的模拟可以参考系泊系统中绳索以及架空输电线路的模拟方法，主要包含静力法和动力法。静力法一般仅考虑系缆的重力和两端的约束，在系缆静止时适用，在船舶或海上平台锚系、架空输电线路受力分析中常用，但在环境水流流速或风速较大时，环境条件作用在系泊缆上的荷载以及系泊缆的动态响应难以被忽略。例如，架空输电线在真实情况下受到风荷载的作用就是一个重要问题[14]，因此需要引入动力法分析。而在高空风力发电的过程中，缆绳工作长度较长，存在明显的动态特征和柔性特征，因此采用动力法分析更为合理。目前主流的动力法计算有细长杆理论和集中质量法两种。细长杆理论是将缆绳看作一条连续的弹性介质，通过有限元方法解算系泊缆上的静力和动力响应，是目前用于系泊缆索等数值模拟方面比较成熟的模型之一。该模型的最大优点是控制方程在全局坐标系下得到，包含结构物全部的几何非线性[15, 16]。此外，对于缆绳结构的精确模拟也常采用有限元方法[17, 18]。缆绳的有限元模型可用于精确模拟缆绳的应力、变形，并可求解缆绳的动态响应，分析其振动模态和频率。该类模型可考虑缆绳材料的非线性应力－应变关系及疲劳特性，也可综合考虑多种边界约束和风力、自重和惯性力等动态载荷。此外，模型还与空气动力学模型和其他系统组件进行耦合。但对于强动态缆绳的分析，集中质量法可能是更为高效的选择。集中质量法也称为弹簧质点模型法，其将绳索分成许多小段，将每个小段简化为一个质量点，并结合材料特性用弹簧阻尼件将相邻的质量点连接起来，通过绳上的约束求解缆绳上的受力分布，从而简化了复杂的运动和受力过程[19, 20]。集中质量法可以计算缆绳在运动过程中的状态，与有限元法相比，虽然无法达到同样的计算精度，但是集中质量法的简化能够大大提高模型的计算效率。

此外，伞梯式高空风力发电机组工作时存在收伞、关伞等不断加载、卸载的过程。在循环动态加卸载过程中，缆绳的材料力学特性变化在精确分析中也是需要考虑的问题。系缆的材料力学参数通常用模量来表示，对于超高分子聚乙烯缆绳来说，直径为 18.5 微米的纤维其模量约为 109~132 吉帕[21]。此外，合成纤维系缆表现出明显的黏弹性 – 黏塑性特性，即缆绳的总应变可以分为黏弹性应变和不可恢复的黏塑性应变两部分。此外，许多研究发现，相较于静态时缆绳的刚度，在不断加载卸载周期后，合成纤维缆绳的刚度会发生显著变化[22]。所以，当需要更精准地对高空风力发电系统中的缆绳进行建模时，材料力学参数不能简单设定为常数，需要选用更合适的本构模型，并根据相关试验率定参数，从而提高模拟精度。此外，缆绳工作时总长度跨度较大，处于不同位置的缆绳所受风阻力不同，如何刻画不同缆绳质点上的真实风阻力也是需要后续研究的问题。

### 5.2.4 地面能量转换组件

地面系统主要包含电机、齿轮箱、卷扬机等部分，对于地面系统的模拟主要通过物理关系相对明确的参数模型、有限元模型、键合图模型以及混合模型等方式进行建模[23]。

对于同步电机，通常构建发电机的基本方程、功率方程、电磁转矩方程以及转子运动方程来构建发电机的数值模型，模型计算中通常采用 Park 变换将坐标系设定在转子上，因此称为 Park 模型[24]。除此以外，另一种模拟方法为发电机时步有限元模型，其考虑电机实际结构的同时还考虑了阻尼和转子等对系统的扰动。而对于高空风力发电系统，常直接采用发电机的转矩 – 转速曲线简化模拟，从而计算发电功率。

对于风力机系统的齿轮箱来说，集中参数模型将各个构件进行质量集中视为质点，构件间的作用力用弹簧阻尼件连接通过求解刚体运动获得齿轮的运动状态。集中参数模型中又包含纯扭转模型、齿轮机构耦合模型和齿轮弯扭耦合模型。当行星齿轮机构中支撑轴刚度较大时，可只考虑扭转振动机理，从而简化模型；在扭转振动模型上，将电动机、负载、齿轮视为集中质量，通过考虑电动机和负载的转动惯量，构建复杂度更高的齿轮机构耦合模型；进一步通过考虑支撑轴和传动轴的弹性，用弹簧阻尼件模化这些构件，考虑等效刚度和阻尼从而构建弯扭耦合模型[25]。齿轮箱也可采用更为精确的有限元模型进行精确建模。对于行星齿轮系统，有限元方法能够更好地适应齿轮的形状，从而得到更精确的解。但在系统模型中，有限元法存在计算成本高的弊端，对于复杂的地面系统，有限元模型无法支持实时模拟。因此，有限元模型通常用于前期研究中的参数确定，即通过有限元模型的精确结果为上述集中参数模型提供参数。混合模型介于两者之间，对不同构件采用不同的方法进行建模分析。将太阳轮、行星轮等刚度较大的构件视为刚体，而将齿轮圈视为弹性体，从而采用不同方法对不同构件进行研究分析[26]。键合图模型是根据系统中功率的传递、转化构建的图解表示方法，通过构建行星齿轮中

行星架 – 行星轮、齿轮圈 – 行星轮以及太阳轮 – 行星轮三部分子模型，通过键合图理论分析功率传递和位移运动[27]。

对于卷扬机模型，精确的模拟方法是通过有限元建立摩擦卷筒模型，从而获得缆绳拉力以及卷扬机转速转矩之间的关系。但在实际系统模型中，直接采用有限元模型计算也是不现实的，会消耗大量的计算资源，因此通常构建卷扬机的简化动力学模型。动力学方程以卷扬机绳索卷入或卷出的速度 $v_r$ 和卷入卷出的缆绳的长度作为输入，通过建立其与卷扬机具有的转动惯量 $J_w$、卷扬机半径 $r_w$、缆绳传递给卷扬机的牵引力 $F_{r,w}$，以及发电机转矩 $M_c$ 对于卷扬机负载之间的关系，由此求解其对于发电机的输入[28]：

$$\dot{v}_r = r_w \dot{\omega}_w = \frac{r_w}{J_w}\left(r_w F_{r,w} - M_c\right) \quad (5-2)$$

另有考虑摩擦的方程：

$$\dot{\omega}_w = J_w^{-1}(-\kappa_w \omega_w + r_w F_t + M_c) \quad (5-3)$$

式中，$\omega_w$ 表示卷扬机的转速；$r_w$ 是卷扬机的半径，尽管系绳被绞入或绞出，但假定其半径是恒定的；$\kappa_w$ 为黏性摩擦系数；$F_t$ 是系绳力；$M_c$ 为电动 / 发电机转矩[29]。

此外，地面部分还包括万向座、容绳张紧装置以及相关的机械传动结构等。万向座主要用于伞梯顺应风向的随动辅助机构，不涉及控制，没有能量输入，能量损失较小。而容绳张紧装置用于给缆绳提供足够的张力，使缆绳在卷扬机卷筒上具有足够的摩擦力，防止缆绳打滑。该结构中由于缆绳张紧，在卷筒上会产生摩擦，从而引起能量损失。由此可见，这些辅助结构不直接参与地面组件的发电，但其中存在能量传递的损耗，会降低发电功率。对这些组件进行有限元模拟能够很好地厘清能量传递机理，并精细化获得能量损失，但对于整个地面系统的有限元精细模拟会消耗大量计算资源，无法达到系统的实时模拟。因此，通常情况下考虑通过有限元模拟或者试验获得相关辅助结构的能量损失情况，并将模型中的辅助结构简化为能量损失系数作用于发电系统的能量输出。

## 5.3 一体化协同设计

由于大型伞梯陆基高空风力发电系统在国内外均属于开创性研究，同时整个系统从设计到运行均十分复杂，因此为了更好地开展系统的设计工作确保机组正常运行，需要结合大型伞梯陆基高空风力发电机组整体系统性能的预测模拟，对其进行一体化协同设计。在设计初期阶段，主要是在系统整体功率目标和主要部件制造能力的外部条件限制下，确定伞梯的组合方案，辅助整个系统的整体设计。在场地确定阶段，主要在场地风速条件和周边限制因素下，考虑伞梯运行时的缠绕风险，优化机组的布局位置。在系统运行阶段，则主要开展运行方案优化，为高空风力发电机组提出最优化的运行策略，提升系统能量转化效率，为提高产能提供理论支撑，从而实现系统的整体性能提升。此外，还需要对系统进行逃逸风险分析和极端天气分析，并确定系缆强度要求和风速区间等指标，保障系统的安全运行。通过上述一体化协同设计，最终实现对系统的优化提升。

### 5.3.1　定功率伞梯组合方案设计

对于伞梯陆基高空风力发电机组，第一个协同设计问题是确定伞梯上做功伞的组合方案，以达成整个系统的功率目标。对于确定的功率目标，系统可能由多组伞梯组合而成，其功率组合方式多样。每组伞梯又可包含多个串联的做功伞，做功伞的大小和数量也有不同的组合方式。不同伞梯组合方式，其上挂载的伞也不尽相同，因此需要通过模型计算来优化伞梯的组合方案。

对于单个伞来说，单伞的大小会直接影响其捕获的风能从而影响系统最终的发电功率。对于伞梯来说，其上挂载的做功伞越多其能够捕获的风能越多，从而为地面系统的发电机提供更多的牵引力输入。但伞梯上挂载伞的个数越多会增加伞梯的自重和整个系统的成本。同时，由于每一个伞都需要单独控制其开合以适应多种风况，也会增加系统控制的难度。此外，伞梯上各个做功伞间需要保持一定的距离，如果伞梯挂载的做功伞过多，其需要卷出的缆绳长度也会相应增加，不利于系统控制与安全稳定发电。增大伞的面积也可以提高机组的工作效率，但做功伞太大时难以加工制造且不利于单伞开合。

通过协同设计优化，需要确定额定功率下机组的功率组合方案以及对应伞梯上做功伞的数量、面积以及其相应的布设间隔。该协同设计的外部条件为系统布设位置的风速条件。设定的系统正常工作风速越大，或场地出现高风速的概率越高，则实现特定额定功率需要伞梯上伞数就可以更少，或者伞的面积就可以更小。反之，若实际的风速较低，或出现高风速的概率很低，则做功伞的个数就需要越多，或者伞的面积就需要更大，从而满足发电机组的额定功率。伞梯上挂载做功伞的数量和做功伞相应的面积最终需要保证其能够捕获足够多的风能，并转化为足够的牵引力提供给地面系统，从而使得地面发电机达到额定功率。

粗略的伞梯组合方案估算模型可依据目标功率，通过发电机的功率曲线和系统损耗估算反推空中飞行－浮空组件需要提供的拉力。随后假设伞梯系缆整体成直线，主要作用力均在沿系缆方向上，将该牵引力作为系统底端的力约束，通过对做功伞进行受力分析，考虑伞所受力以及缆绳上拉力的平衡，求得做功伞应受的空气动力。再根据做功伞空气动力和伞面积等经验关系求得伞的面积。该方法中，缆绳与地面夹角是根据经验人为指定，因此计算存在一定局限性。

实际情况中，缆绳与地面夹角随风速大小和系缆收放速度变化，应作为一个未知量，受到风速、绳速和做功伞形态的影响。在伞梯粗略估算模型中仅将风速投影在缆绳方向，没有考虑其在垂直绳方向的作用力。因此，在粗略估算模型的基础上，可进一步考虑做功伞在不同攻角下的升力和阻力特性，基于准平衡态受力分析，建立沿绳方向和垂直绳方向的受力平衡方程，这样可建立考虑升阻力和夹角未知的伞梯估算模型。此外，伞梯顶部的浮空器也会为伞梯提供升力和阻力，需要在模型中一并进行受力分析求解。该模型相对更为合理，模型的准确估算依赖做功伞在不同攻角下的升阻系数的给定。在给定做功伞形状的前提下，升阻系数可通过高精度的数值计算获得。此类估算模型基于准平衡态假设，没有考虑系统在实际风场中的动态过程，因此结果只能用于伞梯组合方案的初步框定。在进一步研究中，还需要基于更精细的全系统耦合仿真模型计算，通过在模型中设定伞梯上做功伞数量和面积，模拟真实风廓线下系统工作状态，获得不同伞梯组合方案系统的发电功率曲线，进一步优化和确认最优的伞梯组合方案。

### 5.3.2　机组空间布局设计

该优化问题的目标是确定各组伞梯或各台机组在厂区的布置位置，从而使整个系统在运行过程中不会发生缠绕、飞越周边限制区域或碰触周边障碍物。由于高空风力发电机组在运行过程中缆绳卷出长度达到千米级别，其空中和地面投影所占面积很大。场地选择首先要求场地宽阔平整，理想状态下场区布局需要使机组和机组之间互不干扰，即机组间距应该大于缆绳卷出后在地面的最大投影距离。优化问题的边界条件需要考虑周边的建筑物、山体的位置以及空域条件。场地选择要求伞梯机组在运行过程中不会对上述对象产生影响，也要求缆绳卷出过程中整个系统在空中扫过的范围内不存在上述受影响对象。

布局优化的关键设计参数为相邻机组之间的距离。在不同的风速风向下，伞梯缆绳的倾角大小和方向都不同，缆绳释放的长度也有所不同，需要保证各种情况下伞梯均能正常工作。相应的限制条件主要为场区的范围，即机组的布设不能超出场区。这里的范围不仅仅是指场区的地面范围，还包括了空中范围。此外，类似于地面常规风机布局中的分析，需要考虑风力机组的尾流效应，从而优化风机的布局和偏航[30]。考虑到各个伞梯在工作中也会对风场产生干扰，风在经过单个伞梯后会产生尾流，其后的风速可能会下降。优化空间布局还要尽可能减少尾流影响，提高整体发电量。一般而言，机组的空间布局不能过于零散，因为太大的场地会导致经济成本更高，同时也会使机组间输电供电线路设备更复杂，进一步提高设备的整体成本。因此，需要结合实际场址选择，在考虑缆绳防缠绕以及尾流影响的情况下优化机组的空间布局，以达到最好的经济效益。

现阶段已有学者对单伞风力发电系统的空间布局进行了研究，通过考虑场地限制和单伞防缠绕等问题，计算出给定的土地面积下风机的布局和其相应的总发电量，并通过遗传算法获得了最优布局参数，使总发电量最大[31]。通过全系统耦合仿真模型，设定各个机组在布设方案中的位置，模拟各个机组在工作时的动态过程，重点关注缆绳在空中的形态和位置分布，以确保各个缆绳不会缠绕，伞组能够安全开合，机组运行安全。如果不能满足上述正常运行条件，则对初始位置的距离进行迭代修改。同时，对于整个机组运行空间，考虑各个伞梯产生的尾流，探究尾流对于其他伞梯的影响，采用粒子群算法或遗传算法等优化算法，以系统不碰撞、不出界为优化目标，进行寻优，从而获得最佳的空间布局参数。

### 5.3.3 系统运行方案优化设计

高空风力发电系统运行方案优化的目的是提高系统的整体发电效率和运行稳定性，从而最大限度地利用高空风能资源。需对不同的运行控制策略进行模拟分析，评估优化设计的实际效果，确保系统的高效、稳定运行。对于伞梯式高空风力发电系统，其由飞行－浮空组件、空地牵引组件以及地面能量转化组件等多个部分组成，系统整体的运行需要各个组件相互配合完成，各个组件具有多主体、多属性、多层次的特点。系统运行方案的优化需要细化到各个组件的优化运行，其复杂程度不是各个组件复杂度的线性叠加。系统运行方案的优化过程是使系统中各个组件根据风速风向调整运行策略，从而实现发电能力最大化，降低运行成本，并增强系统在各种工况下的适应性和稳定性等目标。

系统运行方案优化的首要目标是提升整体发电效率和系统稳定性。具体而言，通过优化做功伞的开合、风能捕获策略和多机组的相互配合，确保系统在不同风速和风向条件下都能最大化利用风能；通过优化控制策略和应急预案，提升系统在恶劣天气和突发情况中的稳定性和抗风险能力；同时，优化系统以适应多变的风况和极端天气条件，确保在各种环境下安全高效运行。

运行优化对象主要包括缆绳收放速度和时机、做功伞开闭的时机。具体而言，对于飞行－浮空组件，做功伞组需要根据实际风场进行开合调整；对于空地牵引组件，缆绳需要配合伞梯运行调整卷入卷出的长度和速度，以满足最大发电量或者最优发电功率的需求。此外，通过优化控制算法和反馈机制，实现做功伞精准的姿态控制和负荷管理，减少自激振动和其他不稳定因素。优化过程受到多个因素的限制，包括环境、机械特性和经济成本。环境限制主要表现为风速、风向的变化以及极端天气对系统运行的影响。机械和材料特性方面，做功伞和缆绳的机械强度、耐久性以及疲劳寿命构成了关键限制因素。此外，技术实现的可行性还需考虑经济限制，如设备的制造、维护和更换成本等。

优化策略的制定需要综合考虑上述目标和限制因素，采取多方面措施实现系统的最佳运行状态。通过多目标优化（如遗传算法、粒子群优化等），在不同运行条件下权衡发电效率、系统稳定性和运行成本，找到最优解。基于优化运行策略，引入先进的传感器和控制技术，实时监测环境条件和系统状态，动态调整做功伞的姿态和发电参数，实现最优运行。此外，基于大数据分析和机器学习算法可以进行预测和预防维护，预测系统可能出现的故障和性能下降，提前安排维护和检修，减少非计划停机时间；配合智能化调度和管理采用智能调度系统，综合考虑风能资源分布、用电需求和电网条件，优化发电计划和电力调度，提升整体能源利用效率。

### 5.3.4　运行安全分析

高空风力发电系统的运行安全分析涉及启动、往复式发电、回收以及紧急故障处理等多个关键过程。在启动过程中，首先需要进行全面的系统检查，包括空中组件、缆绳、地面设备和控制系统的状态，确保所有部件处于良好状态，并校准所有关键传感器以确保数据准确。其次，需要通过全系统耦合仿真模型甚至数字孪生模型对飞行 – 浮空组件的运行进行实时模拟和监控。在缆绳卷出放飞阶段，应保证系统逐步提升，在此过程中需要控制速度和高度，防止机械应力和失控风险。当缆绳带动做功伞达到安全高度和最低切入风速后，做功伞再打开，避免其接触地面或者因风速不够而无法直接打开，从而造成柔性伞充气不够而发生折叠和缠绕。同时，在启动前需要评估当前的风速和风向，以确保适宜的风况，并利用气象预测数据避免在恶劣天气条件下启动。通过耦合仿真模型计算模拟当前风况下系统放飞过程，监测上升速度、各个关键部件的姿态倾角以及缆绳中的力处于正常范围中，避免上升速度过大造成的破坏。

往复式发电过程中，系统的机械稳定性至关重要。往复式发电中，飞行 – 浮空组件将在收放伞状态中切换，缆绳会相应地进行卷入卷出操作。该过程中会出现力的突然加载和卸载，需要保证空中组件和缆绳的空中部分在空中的稳定性，同时需要防止因气流变化导致的剧烈振动或失控。在空中的收放伞和缆绳的卷入卷出也应该同步进行，缆绳也需保持适当的张力以防止松弛或过度拉伸。通过耦合仿真模型模拟往复发电过程，监测当前风速风向下做功伞所受空气动力以保证其阻力不会过大而导致伞无法关闭。此外，模拟过程应关注缆绳上的张力，做功伞逐步开启和关闭时，实时更新计算缆绳因为加载或卸载而被拉起或者下垂的幅度，确保不接触地面，同时在动态过程中监测该突变对系统稳定产生的影响。

回收过程与启动放飞过程相反，空中组件逐步下降，应控制速度和高度，通过实时监控系统确保平稳回收。通过全系统耦合仿真模型计算回收过程中缆绳的倾角变化和高度变化，实时调整收伞速度和缆绳卷入速度之间的关系，以避免升力减少导致的缆绳快速坠落。同时，着陆区域应有足够的缓冲装置以防止冲击损坏设备，地面操作人员需与控制中心保持密切沟通，协调回收操作。

对于系统运行的紧急故障应急措施，Salam 等人通过故障模式和影响分析（failure mode and effects analysis，FMEA）以及故障树分析（fault tree analysis，FTA）确定了高空风力发电系统的具体故障模式、故障原因和影响。分析各个部件失效的概率 $P$ 以及失效后对系统的影响程度 $S$ 构建风险指数 $P \cdot S$。在此基础上根据风险大小分析了可能导致系统无法运行的潜在危险情况和机制，并提出了缓解措施。研究发现，这些措施中的大部分可由故障检测、隔离和重构（fault detection，isolation，and reconfiguration，FDIR）系统来执行，另一部分需要通过降低组件的失效概率来降低风险。为此，其提出了一个从航天工业中改编而来的分层结构来进行应急故障管理[32]。

在系统运行过程中，需要实时监测系统的动载荷速度、加速度和位置等动力学参数，配合模拟预测，从而确保系统在安全的工作范围内。当模型预测到系统存在异常行为时立即采取纠正措施，例如通过加大卷扬机输出功率以在伞打开过程中强行对缆绳进行卷入，从而避免更大的损失。电力输出的控制方面，根据风况和系统状态调整电力输出以防止过载或欠载情况，并确保电力变流器具备过载和短路保护功能。实时故障检测和快速响应团队的建立能够及时处理各种紧急故障，确保系统和操作人员的安全。通过对上述各个方面的综合分析和优化，可以确保高空风力发电系统在各个操作过程中具备良好的安全性和可靠性，从而保障系统的稳定运行和高效发电。

### 5.3.5 极端天气条件安全分析

高空风力发电系统在实际运行中面临多种极端天气条件的挑战，这对其安全性和可靠性提出了更高的要求。极端天气条件包括复杂多变的风况、低温环境、强紫外辐照、冻雨覆冰以及雷击等。这些环境因素不仅会影响系统的正常运行，还可能对设备造成严重的物理损伤和功能失效。因此，对高空风力发电系统在极端天气条件下的安全性进行全面分析，提出有效的防护和优化措施，对于保障系统的长期稳定运行和发挥其最大潜力具有重要意义。

常规的地面风力发电机在工作时会设置切出风速，避免出现由于风速过大而引起风机结构的荷载增加等危险情况。在大风天时，地面风机会因为风速变化而频繁启停，引起功率波动[33]。高空风力发电系统所处工作高度更高、区间更大，其工作区间的风速和风向变化更加复杂。当风速风向变化过快时，系统与周边建筑物或者其他伞梯结构接触的可能性增大。当风速过大时，做功伞承受的空气动力过大，可能产生伞体或系缆断裂。为了保障系统的安全运行，需要实时监控风速和风向并采用仿真模型进行计算，以预测系统的工作姿态。系统的安全运行需要设定切出风速，即当风速超过某一阈值后伞梯上的做功伞应该逐步关伞，系统应该回收或者停机以避免出现上述危险情况。

此外，由于高空风力发电系统处于千米级的高空中，其工作环境温度较低，因此要求伞梯结构以及其上布设的电子设备能够适应低温环境。伞梯结构中各个组件在低温下的材料力学特性以及相应的强度性能需要满足设计要求，例如缆绳在低温下的强度以及模量等需要得到保障。仪器自身的设计需要保证其能够在系统额定工作高度下正常工作，确保不会在低温下失灵。此外，系统设计应该留有一定冗余，以应对寒潮等突发的极端低温天气。当监测预测到寒潮发生或者温度骤降时，需要保证系统在短时间内能够正常收回停机。低温环境带来的另一个危险因素就是结冰危险，如果空气中水汽充足，那么在高空中的飞行 – 浮空组件以及电子设备上就可能凝结覆冰。结冰带来的直接危害就是覆冰过载，即当高空中浮空器、做功伞以及缆绳上结冰后，整个系统的自重就会增加，导致系统中结构物承载增加，超过其正常工作的荷载，从而引起失效或者破坏。此外，结冰还会引起飞行 – 浮空组件的空气动力性能下降。Lynch 和 Khodadoust 对机翼覆冰情况进行了研究，发现覆冰会造成机翼最大升力的下降以及阻力的增加[34]。对于高空风力发电系统来说，做功伞面也可能结冰，其表面的粗糙度以及自重分布都会发生变化，从而导致其空气动力特性发生变化。因此，需要根据气候条件对飞行 – 浮空组件的结冰情况、结冰位置以及覆冰后的空气动力特性展开研究，以保证系统的安全运行。此外，结冰还可能造成缆绳的覆冰舞动。由于缆绳在空中延展上千米，在高空中风速风向以及水汽分布不均匀，因此如果缆绳上发生结冰，结冰情况也是非对称、不均匀的。覆冰不均匀的缆绳在侧向风力作用下可能会产生低频的、大幅度振动和自激振动现象。缆绳在空中的振荡会给系统带来极大的不稳定性，增加系统控制的难度，从而可能诱发危险。由此可见，低温环境会给高空风力发电系统带来诸多安全隐患，系统需要在前期针对可能的危险因素作出相应的应对措施，同时在运行时需要密切监测气温变化，在出现极端低温之前及时将系统切出。

在高空环境中，除了复杂风况以及低温条件，强紫外线也会对仪器设备产生影响。通常来说，海拔每上升 1 千米，紫外线的辐照强度就会增加 12%。紫外线照射可能改变系统中设备的材料力学特性。Leal-Junior 等人研究了不同聚合物光纤在紫外线照射下的机械性能，发现紫外线照射会改变聚合物光纤的模量，聚甲基丙烯酸甲酯纤维的抗紫外线能力较低，即在静态条件下材料特性的变化较大（杨氏模量变化为 0.65 吉帕）[35]。此外，因高抗紫外线性能而闻名的环状透明光学聚合物的杨氏模量变化也在 0.38 吉帕左右。模量降低的原因与纤维在紫外线辐射下可能产生的热效应有关[35]。而对于高空风力发电系统来说，需要进一步研究缆绳等结构在强紫外辐照下的材料力学特性和强度参数，以保证系统运行正常。而缆绳上布设的电子元件等也需要经过涂层处理，避免紫外线对电器的破坏。

在常规的地面风力发电机中，风机叶片的防雷是研究者关注的重点[36, 37]。通常采用在叶片上安装接闪器并配套引下接地来降低雷击对叶片的伤害。而对于风机内的电子器件来说也安装有电涌保护器（surge protective device，SPD）来限制由雷电引起的瞬时过电压。高空风力发电系统特殊的空中电器设备，可以通过安装例如 SPD 的防雷设备以及增加绝缘涂层等进行保护，而地面设备可以通过接地以及相应的金属结构屏蔽等方式来进行保护。但由于伞梯式高空风力发电系统的特殊结构，其本身类似一个长度上千米的风筝，且机组因为工作需要而布设在开阔地区，因此当雷暴过境时，其本身受雷击的概率就很高，且伞梯结构也有可能引雷。因此，对于伞梯式陆基高空风力发电系统来说，最直接的保护方法就是及时将系统切出收回。通过相应配套的气象预报系统实时监测预警可能发生的雷暴天气，当发现即将发生雷暴天气时及时将系统回收以防止其受到雷击的伤害。

## 参考文献

［1］ Licitra G，Koenemann J，Bürger A，et al. Performance assessment of a rigid wing Airborne Wind Energy pumping system［J］. Energy，2019（173）：569−585.

［2］ Cherubini A，Papini A，Vertechy R，et al. Airborne Wind Energy Systems：A review of the technologies［J］. Renewable and Sustainable Energy Reviews，2015（51）：1461−1476.

［3］ Todeschini D，Fagiano L，Micheli C，et al. Control of a rigid wing pumping Airborne Wind Energy system in all operational phases［J］. Control Engineering Practice，2021（111）：104794.

［4］ Eijkelhof D，Schmehl R. Six−degrees−of−freedom simulation model for future multi−megawatt airborne wind energy systems［J］. Renewable Energy，2022（196）：137−150.

［5］ Skypull. Our solution［EB/OL］.［2025−02−11］. https://www.skypull.com/solution.

［6］ Canale M，Fagiano L，Milanese M. KiteGen：A revolution in wind energy generation［J］. Energy，2009，34（3）：355−361.

［7］Skysails Power. Airborne wind energy systems［EB/OL］.［2025-02-11］. https://skysails-group.com/wp-content/uploads/2021/05/SkySails_Power_Imagebrochure_28-02-2021-1.pdf.

［8］Kitepower. Kitepower Airborne Wind Energy［EB/OL］.［2025-02-11］. https://thekitepower.com.

［9］Fechner U, Vlugt R van der, Schreuder E, et al. Dynamic model of a pumping kite power system［J］. Renewable Energy, 2015（83）：705-716.

［10］Bosch A, Schmehl R, Tiso P, et al. Dynamic nonlinear aeroelastic model of a kite for power generation［J］. Journal of Guidance, Control, and Dynamics, 2014, 37（5）：1426-1436.

［11］Takizawa K, Spielman T, Moorman C, et al. Fluid-structure interaction modeling of spacecraft parachutes for simulation-based design［J］. Journal of Applied Mechanics, 2012, 79（1）：010907.

［12］Yu L, Cheng H, Zhang Y, et al. Study of parachute inflation process using fluid-structure interaction method［J］. Chinese journal of Aeronautics, 2014, 27（2）：272-279.

［13］Amiri M M, Shadman M, Estefen S F. A review of physical and numerical modeling techniques for horizontal-axis wind turbine wakes［J］. Renewable and Sustainable Energy Reviews, 2024（193）：114279.

［14］贾玉琢, 肖茂祥, 王永杰. 500kV架空输电线路风偏数值模拟研究［J］. 广东电力, 2011, 24（2）：1-5.

［15］丁佐鹏. 基于细长杆理论的系泊缆索高效求解方法研究［D］. 哈尔滨：哈尔滨工程大学, 2014.

［16］王冰. 基于细长杆理论的系泊缆索静力及动力分析方法研究［D］. 哈尔滨：哈尔滨工程大学, 2013.

［17］Cottanceau E, Thomas O, Véron P, et al. A finite element/quaternion/asymptotic numerical method for the 3D simulation of flexible cables［J］. Finite Elements in Analysis and Design, 2018（139）：14-34.

［18］de Menezes E A, Lisbôa T V, Marczak R J. A novel finite element for nonlinear static and dynamic analyses of helical cables［J］. Engineering Structures, 2023（293）：116622.

［19］Yan J, Qiao D, Li B, et al. An improved method of mooring damping estimation considering mooring line segments contribution［J］. Ocean Engineering, 2021（239）：109887.

［20］Koenemann J, Williams P, Sieberling S, et al. Modeling of an airborne wind energy system with a flexible tether model for the optimization of landing trajectories［C］//20th International Federation of Automatic Control, Toulouse, France. IFAC-PapersOnLine, 2017, 50（1）：11944-11950.

［21］Davies P, Reaud Y, Dussud L, et al. Mechanical behaviour of HMPE and aramid fiber ropes for deep sea handling operations［J］. Ocean Engineering, 2011, 38（17-18）：

2208-2214.

[22] Bosman R, Zhang Q, Leao A, et al. First class certification on HMPE fiber ropes for permanent floating wind turbine mooring system [C]//Offshore Technology Conference, Houston, Texas, 2020.

[23] 邱星辉, 韩勤锴, 褚福磊. 风力机行星齿轮传动系统动力学研究综述 [J]. 机械工程学报, 2014, 50 (11): 23-36.

[24] Park R H. Two-reaction theory of synchronous machines-Ⅱ[J]. Transactions of the American Institute of Electrical Engineers, 1933, 52 (2): 352-354.

[25] Kahraman A. Natural modes of planetary gear trains [J]. Journal of Sound Vibration, 1994, 173 (1): 125-130.

[26] Parker R G, Agashe V, Vijayakar S M. Dynamic response of a planetary gear system using a finite element/contact mechanics model [J]. Journal of Mechanical Design, 2000, 122 (3): 304-310.

[27] Luo Y, Di T. Dynamics modeling of planetary gear set considering meshing stiffness based on bond graph [J]. Procedia, Engineering, 2011 (24): 850-855.

[28] Milutinović M, Kranjčević N, Deur J. Multi-mass dynamic model of a variable-length tether used in a high altitude wind energy system [J]. Energy conversion and management, 2014 (87): 1141-1150.

[29] Rapp S, Schmehl R, Oland E, et al. Cascaded pumping cycle control for rigid wing airborne wind energy systems [J]. Journal of Guidance, Control, and Dynamics, 2019, 42 (11): 2456-2473.

[30] Gebraad P M O, Teeuwisse F W, Wingerden J W van, et al. Wind plant power optimization through yaw control using a parametric model for wake effects—a CFD simulation study [J]. Wind Energy, 2014, 19 (1): 95-114.

[31] Roque L A, Paiva L T, Fernandes M C, et al. Layout optimization of an airborne wind energy farm for maximum power generation [J]. Energy Reports, 2020 (6): 165-171.

[32] Salma V, Friedl F, Schmehl R. Improving reliability and safety of airborne wind energy systems [J]. Wind Energy, 2020, 23 (2): 340-356.

[33] 鞠冠章, 王靖然, 崔琛, 等. 极端天气事件对新能源发电和电网运行影响研究 [J]. 智慧电力, 2022, 50 (11): 77-83.

[34] Lynch F T, Khodadoust A. Effects of ice accretions on aircraft aerodynamics [J]. Progress in Aerospace Sciences, 2001, 37 (8): 669-767.

[35] Leal-Junior A, Pires-Junior R, Frizera A, et al. Influence of UV Radiation on Mechanical Properties of Polymer Optical Fibers [J]. Polymers, 2022, 14 (21): 4496.

[36] 施广全, 张义军, 陈绍东, 等. 风力发电机组防雷技术进展综述 [J]. 电网技术, 2019, 43 (7): 2477-2487.

[37] Yokoyama S. Lightning protection of wind turbine generation systems [C]// In 2011 7th Asia-Pacific International Conference on Lightning. IEEE, 2011: 941-947.

# 6 机组运行与控制

## 6.1 控制系统的结构、组成与功能

### 6.1.1 机组控制系统总体结构

高空风力发电设备控制系统采用分散控制系统（distributed control system，DCS）的结构。DCS 是一种工业自动化控制系统，用于监控和控制工业过程中的各种参数，如温度、压力、流量等。DCS 结构如图 6-1 所示，通常由以下五个部分组成。

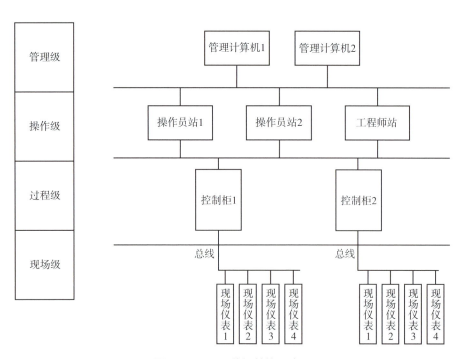

图 6-1 DCS 分级结构示意图

（1）硬件设备：包括控制器、输入输出模块、通信网络等。控制器是 DCS 的核心，负责接收和处理输入信号，并输出控制信号。输入输出模块用于连接现场设备和控制系统之间的信号转换。

（2）软件系统：包括组态软件、监控软件等。组态软件用于配置和控制策略的编写，监控软件则用于实时监测和控制过程的运行状态。

（3）通信网络：DCS 中的通信网络负责连接各个硬件设备，实现数据的实时传输和交换。通信网络可以是专用的工业以太网、现场总线等。

（4）用户界面：提供给操作人员的人机交互界面，用于设置控制参数、查看实时数据、监控过程状态等。

（5）数据库管理：用于存储和管理与过程相关的数据，如历史数据、报警信息等。

DCS 结构的优点包括高度的可扩展性、灵活的配置、强大的数据处理能力以及可靠的安全性等，使其成为工业自动化领域中的重要技术之一。

## 6.1.2　机组控制系统组成与功能

### 6.1.2.1　地面控制中心

地面控制中心包含操作站和部分现场单元。

1）操作站

操作站应设立在地面厂房，用来记录来自各控制单元的过程数据，是人与生产过程信息交互的操作接口。典型的操作站包括主机系统、显示设备、键盘输入设备、信息存储设备和打印输出设备等，主要实现强大的显示功能，包括模拟参数显示、系统运行状态显示、多种画面显示等；还要实现报警功能、操作功能、报表打印功能、组态和编程功能等。

操作站分为操作员站和工程师站。从系统功能上看，操作员站主要实现一般的生产操作和监控任务，具有数据采集和处理、监控画面显示、故障诊断和报警等功能。理论上，高空风力发电机组应实现高度自动化，操作员的工作一般为监控运行过程和每日打印机组运行状态参数报表，更重要的是在紧急状态下将系统切入手动，保证系统运行安全性。工程师站除了具有操作员站的一般功能，还应具备系统的组态、控制目标的修改等功能。从硬件设备上看，在实际情况允许的情况下工程师站和操作员站可以合在一起，用一个工程师键盘加以区分。

2）软件系统

DCS 的软件系统可以为用户提供相当丰富的功能软件模块和功能软件包，控制工程师利用 DCS 提供的组态软件，将各种功能软件进行适当的"组装连接"（即组态），生成满足高空风力发电机组控制系统要求的各种应用软件。

现场控制单元的软件主要包括以实时数据库为中心的数据巡检、控制算法、控制输出和网络通信等软件模块组成。

DCS 中的操作站用以完成系统的开发、生成、测试和运行等任务，这就需要相应的系统软件支持，这些软件包括操作系统、编程语言及各种工具软件等。一套完善的 DCS，在操作站上运行的应用软件应能实现如下功能：实时数据库、网络管理、历史数据库管理、图形管理、历史数据趋势管理、数据库详细显示与修改、记录报表生成与打印、人机接口控制、控制回路调节、参数列表、串行通信和各种组态等。

3）用户接口

（1）用户操作界面，用于操作员监视系统状态并手动干预。

（2）安全与故障管理系统，功能包括：①故障检测：实时诊断系统状况和性能，检测可能的故障；②应急响应：在检测到故障或危险情况时，触发应急程序，如紧急降落、放电、自动隔离等。

（3）能量管理系统：能够反映高空风力发电电厂整体的能源设备使用分布情况，包括发电量、耗电量、储能设施的状态等，可用于 DCS 管理级统筹考虑电厂运行投入模式。

4）现场控制单元

现场控制单元一般远离控制中心，安装在靠近现场的地方，其高度模块化结构可以根据过程监测和控制的需要配置成由几个监控点到数百个监控点的规模不等的过程控制单元。根据绩溪高空风力发电厂的布置，地面设备与控制中心处于同一厂房内，所以在设计时，地面控制中心距离地面的现场控制单元并不远。地面现场控制单元主要有：①缆绳收放装置控制系统，包括电机和变频器，编码器，刹车机构等，用于缆绳收放过程的控制；②反馈控制器、PID 控制器或其他高级控制算法，根据传感器反馈调整发电与缆绳收放策略或与通信系统配合跟踪空地通信传输的跟踪指令。现场控制单元的结构是由许多功能分散的插板（或称卡件）按照一定的逻辑或物理顺序安装在插板箱中，各现场控制单元及其与控制管理级之间采用总线连接，以实现信息交互。

现场控制单元的硬件配置需要完成以下内容：

（1）插件的配置。根据系统的要求和控制规模配置主机插件（中央处理器插件或多点控制器插件）、电源插件、输入输出插件、通信插件等硬件设备。

（2）硬件冗余配置。冗余配置用通俗的语言来讲就是"可以不用，但必须得有"。在系统中设置多个备份组件，以确保在主要组件发生故障时，系统仍能正常运行。这种设计方法在关键控制系统中尤为重要，对关键设备进行冗余配置是提高 DCS 可靠性的一个重要手段。DCS 通常可以对主机插件、电源插件、通信插件和网络、关键输入输出插件等实现冗余配置。

（3）硬件安装。对于高空风力发电机组的各种插件在插件箱中的安装，严格考虑设计逻辑顺序或物理顺序上相应的规定。现场控制单元通常分为基本型和扩展型两种，对于高空风力发电机组的各种插件在插件箱中的安装，严格考虑设计逻辑顺序与物理布局规范。现场控制单元通常分为基本型和扩展型两种。基本型是将 CPU、I/O 及通信模块集中于单一插件箱。扩展型是通过扩展总线（如 PROFIBUS-/PROFINET）实现现场控制单元与若干数字输入 / 输出扩展单元连接。

就本质而言，现场控制单元的结构形式和配置要求与模块化可编程控制器的硬件配置是一致的。

5）组态

系统组态软件依据控制系统的实际需要生成各类应用软件。组态软件功能包括基本配置组态和应用软件组态。基本配置组态是给系统一个配置信息，如系统的各种站的个数、它们的索引标志、每个控制站的最大点数、最短执行周期和内存容量等。应用软件组态包括以下几个方面：①控制回路的组态；②实时数据库生成；③工业流程画面生成；④历史数据生成；⑤报表生成。

#### 6.1.2.2 空中组网系统与现场控制单元

空中各通信单元在空中自动组网，并与地面控制中心通信，各个通信模块互为备份，在与地面控制中心通信不畅时可从其他通信模块中获得指令。空中组网后，各个动作模块动作时会自动规避网络中其他单元避免碰撞缠绕等问题。

空中设备的现场控制单元由传感器、全球定位系统及驱动器组成。传感器包括温度传感器、风速风向传感器、拉力传感器和气压传感器等，和全球定位系统传输的伞体位置信息一同组成控制算法所需参数的一部分。驱动器主要控制空中伞体的运行姿态与开合状态。

1）数据采集和传感器系统

各传感器和全球定位系统传输的伞体位置信息一同组成控制算法所需参数的一部分。

（1）气象传感器。包括：①风速计和风向标：测量实时风速和方向；②温度、湿度传感器：用于监控环境条件；③气压计：用于评估高空风力发电系统的操作高度。

（2）飞行动力学传感器。包括：①加速度计和陀螺仪：监测膜翼或伞体的姿态和运动；②定位模块：确定空中装置的精确位置和高度；③张力传感器：测量缆绳的拉力。

2）空中伞梯的伞体自适应开合控制与监控系统

对于空中伞梯的伞体自适应开合控制与监控系统，其运行逻辑包含于地面控制中心以及空中组网现场控制单元的软件系统。

现场控制单元的软件主要包括以实时数据库为中心的数据巡检、控制算法、控制输出和网络通信等软件模块。实时数据库起到了中心环节的作用，在这里进行数据共享，各执行代码都与它交换数据，用来存储现场采集的数据、控制输出以及某些计算的中间结果和控制算法结构等方面的信息。数据巡检模块用以实现现场数据、故障信号的采集，并实现必要的数字滤波、单位变换、补偿运算等辅助功能。DCS的控制功能通过组态生成，不同的系统，需要的控制算法模块各不相同，通常会涉及以下一些模块：算术运算模块、逻辑运算模块、PID控制模块、变型PID模块、手自动切换模块、非线性处理模块、执行器控制模块等。控制输出模块主要实现控制信号以电信号的形式输出。

（1）软件和数据分析。包括：①风场模拟软件：用于风场建模和发电效率的优化；②数据分析和机器学习算法：用于提取历史数据模式，优化未来的飞行策略和维护时机。

（2）伞体自适应开合控制器。包括：①与缆绳相连的驱动器：调整与主缆绳之间的连接方式，以实现向后翻折形式的关伞以及充气式开伞；②伞体开合控制逻辑：运用预设或实时计算的伞体开合指令或策略。

（3）实时数据处理与决策支持系统。包括：①处理实时采集的风速、风向、张力和飞行动力学数据；②基于这些数据，依靠已有空中设备动力学模型计算出地面设备所需最优的飞行状态；③地面电机控制系统根据所得结果实现最大功率跟踪或平滑功率输出，并能实现两种模式的切换。

### 6.1.2.3 通信系统

通信系统由各现场控制单元的通信模块组成，包括空空通信系统和空地通信系统。

（1）空中单元通信系统。提供空空通信，通过收发无线电信号实现，包括连接缆绳与伞体的驱动器、氦气球的定位装置等。

（2）空地通信系统。通过收发无线电信号实现，提供空中各通信系统单元与地面控制中心通信基站进行通信。

## 6.2 运行状态定义与切换控制

### 6.2.1 运行状态定义

#### 6.2.1.1 停机状态

停机状态一般发生在外界环境条件不允许发电或者对设备寿命产生严重损害的情况下，空中设备全部收回放置于存放厂房，地面设备严格遵守停机状态要求的状态：氢气球固定于地面停放设备；容绳滚筒、摩擦滚筒锁死；缆绳张紧装置不工作；主缆绳保持松弛状态；伞体、驱动器与主缆绳脱离；发电机不允许发电；机组不允许并网。

#### 6.2.1.2 准备起飞状态

准备起飞状态只存在于空中设备每次从地面起飞的过程中，即从停机状态切出后，所有设备从厂房到放飞之间的准备阶段。当高空风力发电设备在空中往复循环工作时，此状态不存在。各设备状态要求如下：氢气球挂于主缆绳顶端；容绳滚筒、摩擦滚筒解锁，在缆绳缓慢放出每个固定长度时将伞体与驱动器安置在主缆绳上，放出固定长度的缆绳后锁死；伞体处于闭合状态；缆绳张紧装置工作；主缆绳处于张紧状态；发电机不允许发电；机组不允许并网。

#### 6.2.1.3 起飞发电状态

在起飞发电状态中，伞梯受风力作用带动主缆绳牵引电机发电，电机此时的"身份"视为发电机。各设备状态要求：容绳滚筒、摩擦滚筒解锁；伞体处于打开状态；缆绳张紧装置工作；发电机允许发电；机组允许并网。

空中设备的运动可以描述为加速上升、减速上升与减速关伞三个过程。加速上升时，伞梯受风力作用进行加速运动，由地面设备根据当前环境条件确定最佳绳速，使系统处于最大功率跟踪模式；减速上升时，控制中心根据当前环境条件以及地面设备缆绳张力指令，伞梯运行转为减速状态，使系统处于平滑功率模式；关伞减速时，根据缆绳长度或氢气球高度等条件判断进行关伞操作，使伞梯慢慢减速为回收做准备。

#### 6.2.1.4 暂停状态

由于风固有的随机性以及其他外部条件的不确定性，当运行过程中，某些条件不满足起飞发电状态时，系统需要进入暂停状态，空中设备进入悬停状态，短时等待外部条件满足运行要求。机组各设备状态要求如下：容绳滚筒、摩擦滚筒制动；发电机切换为电动机提供力；伞体根据实际情况调节开合或开度状态；缆绳张紧装置工作；机组不允许并网。

### 6.2.1.5　降落回收状态

降落回收状态出现在起飞发电状态中的关伞减速过程完成后。此阶段综合考虑安全边界条件及耗能最小等因素，使空中设备快速回收。注意伞梯并不会全部收回至地面，而是使伞梯下降至起飞发电阶段开始时的氢气球高度或缆绳长度。在此阶段中，由电机牵引缆绳克服氢气球浮力及空气动力收回，电机"身份"视为电动机。机组各设备状态要求如下：容绳滚筒、摩擦滚筒解锁；电机为电动机；伞体根据实际情况调节开合或开度；缆绳张紧装置工作；机组不允许并网。

### 6.2.1.6　紧急停机状态

在空中风场或者天气发生突变的情况下，空中设备存在摔落风险，导致安全事故，或者空中设备存在毁灭性损坏风险时，高空风力发电机组进入紧急停机状态。此状态可能发生在除停机状态外的任一状态，进入紧急停机状态时，机组快速响应进入降落回收状态并进而转入停机状态。此状态中各设备状态要求如下：容绳滚筒、摩擦滚筒制动，切换至降落回收状态容绳滚筒、摩擦滚筒解锁；电机状态为电动机；伞体状态闭合；缆绳张紧装置工作；机组不允许并网；所有计算机控制输出停用；计算机系统工作，监测输入量。

## 6.2.2　运行状态切换

在如上运行状态的基础上，高空风电机组控制系统需要根据实际风场风况、实测运行数据的动态变化而调整切换，如图 6-2 所示，提高工作状态层次时，机组需要逐层提升，而不能跳层完成；而在降低工作状态层次时，可以选择逐层或者多层之间连续下降。其中，最典型的运行状态切换过程是机组的启动与停机状态。

### 6.2.2.1　工作状态层次上升

（1）急停→停机。当停机状态满足时，则进行如下步骤完成紧急停机状态至停机状态的切换：①关闭急停系统电子电路；②松开机械制动。

（2）停机→暂停。当暂停状态满足时，则进行如下步骤完成停机状态至暂停状态的切换：①启动机组偏航控制系统；②接通电机设备系统运行阀门。

（3）暂停→运行。当运行状态满足时，则进行如下步骤完成暂停状态至运行状态的切换，启动过程可分为自动启动和手动启动：完成机组的准备起飞状态、起飞发电状态和降落回收状态的启动。

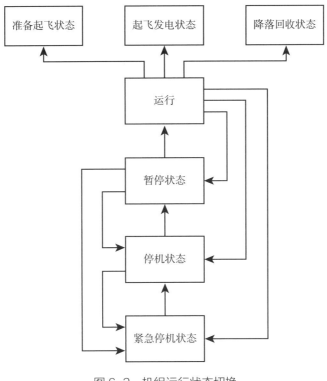

图 6-2　机组运行状态切换

### 6.2.2.2　工作状态层次下降

工作状态层次下降包括以下三种情况：

（1）紧急停机。紧急停机有包括三种情况：①停机→急停；②暂停→急停；③运行→急停。

（2）停机。停机包括如下两种情况：①暂停→停机；②运行→停机。其中，对于不同原因导致的停机又可分为正常停机和紧急停机，即如上紧急停机三种情况。

（3）暂停。暂停操作包括：①如果发电机并网，调节系统输出功率至 0 后，通过晶闸管切出发电机；②如果发电机未并网，降低卷扬 - 发电机转速为 0。

高空风电机组的运行状态切换是一个复杂且关键的过程，必须根据实际风场风况和实时运行数据进行动态调整。逐层提升和逐层或多层下降的原则保证了系统的安全稳定运行。通过实时监控和动态调整，控制系统可以有效应对风况变化，确保高空风电机组在最佳状态下运行。

### 6.2.3 典型状态切换过程

#### 6.2.3.1 机组启动

机组启动时，状态切换包括：停机状态→准备起飞状态→起飞发电状态，状态切换模式分为自动和手动两种。可以通过控制中心软件系统人机界面或者远程监控系统自由切换。

（1）停机状态至起飞准备状态。一般地，为了防止近地环境条件快速变化而引起的机组频繁切换状态，在主控系统上电启动后，应为手动模式。依靠现场工人操作完成状态切换。

（2）准备起飞状态至起飞发电状态。当机组主控系统正常运行时，没有任何故障警告，通过传感器返回的外部环境条件全部满足起飞条件，机组进入自动模式。主控系统检查地面设备运行情况无误后，根据输入发出电机转速控制指令，使功率输出平稳上升，达到并网要求，机组快速进入稳态平衡，机组启动完成。

#### 6.2.3.2 停机

高空风力发电机组主控系统应具备多个等级的停机控制程序，根据故障类型匹配对应故障等级，启动对应等级停机程序。高级故障和低级故障的划分，空中设备是否存在摔落风险和当前环境对设备的损害程度占主要权重，在实际操作中，还需操作员基于现实条件进行进一步判断。在确保安全的前提下，尽可能减少在停机时造成的能量损耗。

（1）正常停机。高空风力发电机组投入运行时，在无特殊情况下，空中设备升降循环、往复工作，一般不会回收至地面。在低级别故障下，机组更多地需要切换至暂停状态。主控系统发出指令使容绳滚筒与摩擦滚筒制动减速，电机通过转速控制降低绳速，同时机组切断与电网的连接，空中设备处于悬停状态，等待下一步动作。

（2）紧急停机。在主控系统收到高级别故障等级时，首先应立即发出脱网指令，断开与电网的连接。然后协调容绳滚筒、摩擦滚筒与电机进行空中设备紧急回收，直至状态切换至停机状态，紧急停机过程结束。

## 6.3 协调运行与控制策略

### 6.3.1 最大功率运行与发电机控制

#### 6.3.1.1 最大功率运行方法

自然条件下的风速是不稳定和变化的，风速变化对系统输出功率的影响非常大，最大功率跟踪控制对于风力发电系统来说不仅是提高能量转换效率的关键，也是确保系统在各种环境条件下都能实现最佳性能的重要手段。通过有效的控制策略，风力发电系统能够最大限度地利用可用的风能资源，通过实时跟踪并调整工作点，系统可以在理论上实现更高的能量转换效率。

风力发电设备捕获的风能转变为机械能输出功率是一个非线性的能量转化过程。对于传统风机，风能利用系数作为风力发电系统的一个重要参数，反映出系统对风能的利用率的高低，与叶尖速比、桨距角之间存在一定数量关系，通过改变叶尖速比和桨距角进而改变风能利用系数的大小，就可以使系统最大限度地捕获风能，提高系统的资源利用率和运行效率。由风能利用效率与叶尖速比、桨距角之间的数学关系可知，不同的桨距角条件下风能利用系数呈现抛物线趋势，随着减速比的增加先递增后递减，最大功率点只有一个[1]。与此同时，由风力发电系统的基本原理可知，在给定的某一风速下也存在最优功率点，即若风速为 $V(i)$，假设风机转速为 $\omega_{r}(i)$，风机输出的电磁功率为 $P_{e}(i)$，当 $\omega_{r}(i)$ 和 $P_{e}(i)$ 满足 $\mathrm{d}P_{e}(i)/\mathrm{d}\omega_{r}(i)=0$ 时，$\omega_{r}(i)$ 和 $P_{e}(i)$ 分别为在风速 $V(i)$ 时的最优转速 $\omega_{\mathrm{opt}}$ 和最优功率 $P_{\mathrm{opt}}$。在不同的风速下，对上述过程机型反复计算，就会得到不同的最优功率操作点，使用专门的最大功率点跟踪控制器，能够实时监测风速和发电机输出，通过算法找到当前的最佳工作点，从而调整风机系统的工作状态，使其始终运行在最大功率点附近，就能够实现风电系统最大功率跟踪控制[2]。调节风机的工作状态以达到最佳功率输出时，可以利用电流矢量控制技术，这种方法涉及对风机电气部分的精确控制，以匹配当前风速和发电机转速的最佳组合。

在特定工况下，高空风力发电系统也可以通过相应的控制手段使系统在某一风速下的输出功率达到最大，但与传统风电有所不同。首先，如果要实现风能最大捕获提升发电量，需要及时调整空中设备的姿态，如系留浮空器式高空风电技术、飞行器机载发电式高空风电技术，将发电设备安装在空中设备上升至高空，直接利用高空风能带动桨叶转动发电，在这个过程中需要调整设备朝向以达到最优的迎风姿态，而滑翔伞型系留风筝式高空发电系统等通过空中设备在高空按特定的"8"字形或圆形轨迹运动拖动缆绳，带动地面设备发电。为了充分利用风能资源，除了需要调整空中设备的迎风面，还需要通过风场信息选择最优的空中运行轨迹。因此，对风场信息进行及时、准确的测量和预测在高空风电系统稳定高效运行中具有重要作用，在不准确的风速信息下实施控制有可能将导致系统的不稳定，但在高海拔地区难以实现风速的准确测量，并且在高空风速较大、环境温度较低的情况下，对传感器的要求也会比传统式风力发电系统更高。其次，某一工况下，在空中设备对风能实现捕获、将风能转化为机械能之后，通过发电机进一步将机械能转化为电能。为了提高能量转化效率，需要进行电机选型工作，采用功率参数匹配的电机，因此要提前对输出功率进行测算，获得相应的转速、转矩等信息。由于发电机输出功率的大小会随着转速的增加呈现先上升再下降的趋势，因此发电机的转速并不是越快越好，期望发电设备能够按照最大功率进行输出就需要对发电机的转速及功率进行建模，寻找特定工况下的最优电机转速，采用相应的电机控制策略实现输出功率最大化。

伞梯陆基高空风力发电系统的功率控制包括两部分，空中伞梯飞行姿态控制和地面发电设备功率控制。飞行姿态控制包括伞梯的飞行高度控制和不同伞的受力面相对风速的倾角控制等，通过调整绳索的张力，控制伞体的飞行高度和稳定性，使用舵机调整伞体的航向和角度，优化伞梯的运行路径，以最大化捕捉高空风的速度和方向。地面功率控制通过电机控制实现控制发电机转速，从而调整缆绳的放出速度，进而影响输出功率的大小。在某一风速 $V_{wind}$ 下，对伞梯输出机械功率 $P_i$ 进行建模，缆绳速度为 $v_T$，随着缆绳速度大小在额定区间的变化，当 $P_i$ 达到最大时，$P_i$ 和 $v_T$ 分别为该风速下的最优功率 $P_{opt}$ 和最优缆绳速度 $v_{T,opt}$。在不同风场下都存在一个最优绳速，使输出功率达到最大值。缆绳速度在经过减速装置的换算后可以得到相应的电机最优转速，因此通过控制电机转速就可以使系统功率输出达到最大。

### 6.3.1.2　基于 PID 控制的发电机控制方法

随着电机控制算法的深入研究，电机控制中相关研究成果也逐步应用于风力发电系统，基于矢量控制原理的电机控制结构也发展得十分成熟。直接转矩作为矢量控制的衍生，结构相对简单、调速性能好、控制参数少，且对于转矩脉动等谐波抑制较为优良。因此，电机转速采用经典的双闭环矢量控制，转矩给定，调节转速，原理框图如图 6-3 所示，外环为转速控制，内环为转矩控制。转速外环中，转子机械角速度参考值 $\omega_r^*$ 与设定转速的偏差作为控制器的输入，控制器的输出为转矩内环的电磁转矩参考值 $T_e^*$。转矩控制通过 $d$ 环和 $q$ 环的电流的闭环控制实现，$T_e^*$ 通过转矩电流变换模块转换为 $d$ 环和 $q$ 环电流参考值，与电机实际输出值的偏差作为控制器的输入，矢量控制系统中采用直轴电流 $i_d^*=0$ 的控制方法，电机相当于一台直流电机，定子电流只有交轴分量 $i_q$，电枢反应引起的定子磁链空间矢量与永磁体磁链空间矢量正交，且不存在直轴的电枢反应，因此不产生退磁问题。电机的输出转矩与 $q$ 电流的幅值成正比，从而使得控制简单。$d$ 轴电流控制着系统输出的有功功率。当 $d$ 轴电流为正时，即工作在发电机状态，向外输送有功功率，电流为负时，即工作在电动机状态，从外吸收有功；类比到 $q$ 轴电流，$q$ 轴电流控制逆变器的无功功率，其为正时，向外输送无功功率，其为负时，从外吸收无功功率[3]。

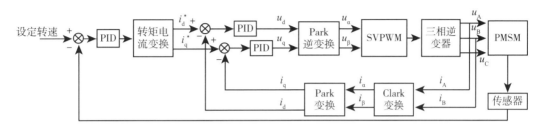

图 6-3　基于 PID 的电机双闭环矢量控制

控制部分采用 PID，PID 控制是一种在工程实践中常见的控制系统设计方法，简单且具备一定的鲁棒性，在各种工业和自动化应用中都表现良好，适用于需要快速响应和精确控制的场景。PID 是 Proportional（比例）、Integral（积分）、Differential（微分）的首字母缩写，它是一种集比例、积分和微分三个环节于一体的闭环控制算法。本质是根据输入的偏差值，按照比例、积分、微分的函数关系进行运算，运算结果用以控制输出。在控制系统中，PID 控制算法有着广泛的应用，具有收敛速度快、稳定性好、实现简单等优点。

PID 控制算法的控制率可用以下公式表示：

$$u(t)=K_{\mathrm{p}} \times e(t)+K_{\mathrm{i}} \times \int e(t) \mathrm{d}t+K_{\mathrm{d}} \frac{\mathrm{d}e(t)}{\mathrm{d}t} \tag{6-1}$$

式中，$u(t)$ 为控制信号；$K_{\mathrm{p}}$ 为比例系数；$K_{\mathrm{i}}$ 为积分常数；$K_{\mathrm{d}}$ 为微分常数；$e(t)$ 为误差信号；$t$ 为时间。

比例环节的作用是成比例地反应控制系统的偏差信号，即输出与偏差成正比，可以用来减小系统的偏差。控制变量与设定值之间的差别越大，则反馈信号的幅度越大，控制变量的变化就越大。比例系数越大，控制变量对误差的贡献就越大。$K_{\mathrm{p}}$ 越大，系统响应越快，越快达到目标值；$K_{\mathrm{p}}$ 过大会使系统产生较大的超调和振荡，导致系统的稳定性变差；有比例环节无法消除静态误差。

积分环节对输入偏差 $e$ 进行积分，只要存在偏差，积分环节就会不断起作用，主要用于消除静态误差。$K_{\mathrm{i}}$ 越大，消除静态误差的时间越短，越快达到目标值；$K_{\mathrm{i}}$ 过大会使系统产生较大的超调和振荡，导致系统的稳定性变差；对于惯性较大的系统，积分环节动态响应较差，容易产生超调、振荡。

微分环节通过对误差信号的微分来调节控制变量的变化速度，反应偏差量的变化趋势，根据偏差的变化量提前作出相应控制，减小超调，克服振荡，使控制变量更加顺畅。微分控制可以有效消除系统的动态误差，提高系统的响应速度。$K_d$ 变化趋势越大，微分环节作用越强，对超调和振荡的抑制越强；$K_d$ 过大会引起系统的不稳定，容易引入高频噪声。

在实际应用时，并非三个环节都有使用的必要，要根据不同系统期望的控制效果对环节进行选择，如 P、PI、PD、PID（图 6-4）。

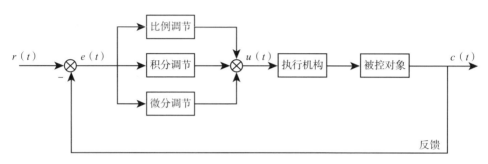

图 6-4　PID 原理框图

对于高空风力发电设备，目前采用的控制目标是根据当前风速等外部环境参数，通过地面控制中心软件系统得出最佳绳速，即电机最佳转速指令，实现最大功率跟踪发电模式或者平滑功率发电输出模式。

PID 控制算法有着许多优点，主要有：①实现简单：PID 控制算法可以通过简单的计算机算法实现，可以在大多数现代控制器中找到；②广泛应用：PID 控制算法可以应用于很多不同的控制系统中，包括电机控制、温度控制、机器人控制等；③具有良好的稳定性：PID 控制算法可以通过改变系数的值来实现系统的稳定性，因此具有良好的稳定性；④容易优化：PID 控制算法可以通过调整比例、积分和微分系数来优化系统的控制效果。

PID 也存在缺陷，如无法处理非线性系统或多输入多输出的复杂系统，因此在必要情况下可以考虑使用其他控制算法，如现代控制理论中的最优控制理论、智能控制算法。现对这两种算法分别做简单介绍。

### 6.3.1.3　最优控制理论

现代控制理论是建立在状态空间法基础上的一种控制理论，不同于经典控制理论中的传递函数，状态方程引入了系统的内部状态，外部控制输入的作用引起了状态的改变，状态的线性组合构成了系统的输出。现代控制理论比经典控制理论所能处理的控制问题要广泛得多，其中就包括非线性多变量系统。一般性的状态空间方程表达如下：

$$\dot{x} = f(x,u,t), x(t_0) = x_0$$
$$y = g(x,u,t)$$
（6-2）

式中，$x$ 为状态变量；$\dot{x}$ 为状态变量一阶导数；$u$ 为控制输入；$y$ 为系统输出；$t$ 为时间变量；$t_0$ 为初始时刻；$x_0$ 为初始状态。

上述表达式包含了时间变量，对于时间变量不变的系统，方程式可改写为：

$$\dot{x} = f(x,u)$$
$$y = g(x,u)$$
（6-3）

最优控制理论是现代控制理论的重要组成部分，其形成与发展奠定了整个现代控制理论的基础，是研究和解决从一切可能的控制方案中寻找最优解的一门学科[4]。

最优控制研究的主要问题是，根据已建立的被控对象的时域数学模型或频域数学模型，在多种约束条件下寻找控制矢量 $u(t)$，使被控对象按预定要求运行，在由某个初始状态转移到指定的目标状态的同时使某个给定的性能指标 $J$ 取极值，由此可见，一个最优控制问题，归结为求某个泛函的条件极值问题[5]。

对于高空风力发电机组空中设备的最优控制问题，可分如下四个步骤。

1）建立状态空间

将空中伞梯系统的动力学模型进行状态空间描述，选取极坐标系 $(r,\theta,\phi)$ 及其一阶导数 $(\dot{r},\dot{\theta},\dot{\phi})$ 作为系统的状态变量，即 $X = [r,\dot{r},\theta,\dot{\theta},\phi,\dot{\phi}]^{\mathrm{T}}$，状态空间：

$$\dot{x} = f(x,u,t), x(t_0) = x_0$$
$$y = g(x,u,t)$$
（6-4）

式中，$x$ 为状态变量；$\dot{x}$ 为状态变量一阶导数；$u$ 为控制输入；$y$ 为系统输出；$t$ 为时间变量；$t_0$ 为初始时刻；$x_0$ 为初始状态。

2）确立状态方程的边界条件

包括初始状态，以及目标状态。

3）选定性能指标

对于高空风力发电机组，可供选择的代价函数有很多，可以根据机组不同的运行状态以及现实需求选取不同的代价函数。这里以选取控制效果和付出的代价为例说明，数学描述如下：

$$J = \min \int_0^{t_f} \left\| x(t_f) - x(t) \right\|^2 + \left\| u(t) \right\|^2 \mathrm{d}t$$
（6-5）

式中，$x(t)$为当前状态变量；$x(t_f)$为期望状态；$t_f$为达到期望状态的时间；$u(t)$为控制输入；$t$为时间变量；$\|x(t_f)-x(t)\|^2$表示当前时刻当前状态与期望状态的二范数，为方便理解可以将其当作超坐标系下两点距离的平方，用来作为控制效果指标；$\|u(t)\|^2$表示控制输入的二范数，控制输入作为外界对系统的影响，属于我们需要对系统的作用，用来作为付出代价的指标。

理论来讲，只要给系统一个假想的无限优秀的控制输入，系统能够快速地到达期望状态，但是如果想要实现这样的一个控制输入，可能会花费很大成本，包括但不限于控制输入的研究、物理硬件的实现。所以，上述性能指标的实际意义可以通俗地理解为：要在控制效果和成本花费之间找到一个平衡。

4）建立约束条件

系统的状态除了满足状态方程，还应有其他的约束条件，主要包括现实物理约束。对于高空风力发电机组的状态变量$X=[r,\dot{r},\theta,\dot{\theta},\phi,\dot{\phi}]^T$，每个变量在系统实际运行时都应有一个变化范围：

$$\underline{X} \leqslant X \leqslant \bar{X} \quad (6-6)$$

式中，$X$为系统状态变量；$\underline{X}$为状态变量下界；$\bar{X}$为状态变量上界。

从性能指标的实际意义来看，控制输入$u(t)$也应在一个合理范围内：

$$\underline{U} \leqslant u(t) \leqslant \bar{U} \quad (6-7)$$

式中，$U$为系统状态变量；$\underline{U}$为状态变量下界；$\bar{U}$为状态变量上界。

5）求解

对于最优控制理论，主要求解方法包括经典变分法、极大/小值原理、动态规划法等。由于性能指标（代价函数）的选取不同，其求解方法更是多种多样。

### 6.3.1.4 智能控制算法

智能控制算法是一种用于实现高效性能的关键因素。这些算法通常涉及复杂的数学模型和计算机科学原理，以实现高效、准确和智能的控制系统。智能控制系统是一种可以自主地调整其输出以达到预定目标的系统。这种系统通常包括感知器、控制器和执行器三个主要组成部分。感知器用于收集系统的输入信号，控制器用于根据系统的状态和目标来生成控制指令，执行器用于实现控制指令。智能控制系统的主要特点包括以下四点。

（1）自主性：可以自主地调整其输出以达到预定目标。

（2）学习能力：可以通过学习来改进其控制策略。

（3）适应性：可以根据环境的变化来调整其控制策略。

（4）稳定性：可以保持稳定运行，即使在面对不确定性和噪声的环境中。

智能控制算法可以分为以下三类。

（1）基于规则的智能控制算法：是一种根据预定义的规则来实现控制策略的算法。这种算法通常涉及规则引擎、知识库等组件，用于实现规则的表示和推理。例如，基于规则的控制系统可以通过如规则引擎、决策树等技术来实现。

（2）基于模型的智能控制算法：是一种根据系统模型来实现控制策略的算法。这种算法通常涉及系统模型的建立、分析和利用。例如，基于模型的控制系统可以通过如线性系统理论、非线性系统理论等技术来实现。

（3）基于机器学习的智能控制算法：是一种通过机器学习技术来实现控制策略的算法。这种算法通常涉及机器学习模型的训练、优化和应用。例如，基于机器学习的控制系统可以通过如神经网络、支持向量机等技术来实现。

智能控制算法的优势包括以下三个方面。

（1）高效性能：可以实现高效的控制策略，提高系统的性能和效率。

（2）适应性强：可以根据环境的变化来调整其控制策略，实现更好的适应性。

（3）可扩展性：可以通过学习和优化来实现更好的控制策略，具有较好的可扩展性。

智能控制算法的局限性包括以下三个方面。

（1）计算成本：通常需要较高的计算成本，可能导致系统的延迟和资源消耗。

（2）模型误差：通常需要基于某种模型来实现，这种模型可能存在误差，导致控制策略的不准确。

（3）数据需求：通常需要大量的数据来进行训练和优化，这可能导致数据收集和存储的难度和成本。

智能控制算法对于实际应用来说还存在许多不足，它的优势更多地体现在科研的前瞻性。在科研与高空风力发电机组控制系统未来发展的道路上，智能控制算法本身及其应用还要不断探究与尝试，努力克服其自身局限性。

总之，实现高空风力发电系统的功率输出最大化是一个系统性的问题，结合了传感器、自动控制系统和先进的算法进行优化等内容，不仅要实现控制系统的改良，使系统能够在不同高度和风速下按照规定的模式稳定运行，也要使用先进的算法，提高对高海拔地区的风廓线、环境温度等风场和环境信息测量和预测的准确性，以达到预期的控制效果，从而提高整体的发电效率和稳定性。

## 6.3.2 灵活调节运行与伞体开合控制

灵活功率控制涉及高空风力发电机组空中设备——伞体的自适应开合控制，主要包括伞体的开合控制[6]与伞体开度无级调节控制[7]。

### 6.3.2.1 驱动器原理介绍

1）整体结构

对于上驱动器的硬件设备，除了 GNSS，传感器还应包括风速、气压、温度、拉力等传感器；存储卡用于存储驱动器系统运行的历史数据；上驱动器的执行器包括锁定机构和抓取爬绳装置；微控制器中保存控制策略的计算机语言；驱动电路将控制信号转化为执行器运行指令。在工作时，微控制器得到各传感器信号与位置信息后，通过射频模块实现与地面控制中心通信，在接收地面控制中心的控制信号或者微控制器自身发出控制指令之后，发送给驱动电路板，使执行器动作，同时执行器的动作信息反馈给微控制器。

下驱动器的硬件系统框图与上驱动器一致，对于下驱动器的硬件设备，不同的是下驱动的执行器包括两个锁定机构。上下驱动器硬件系统框图如图 6-5、图 6-6 所示。

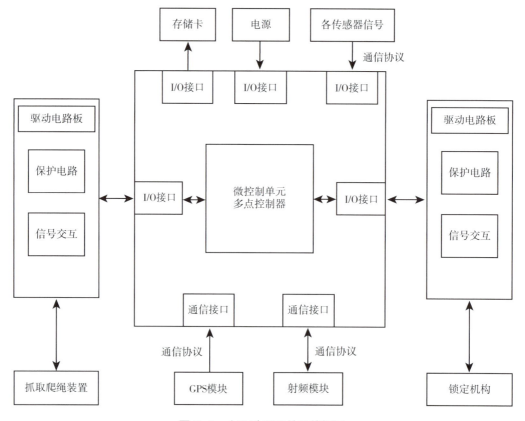

图 6-5  上驱动器硬件系统框图

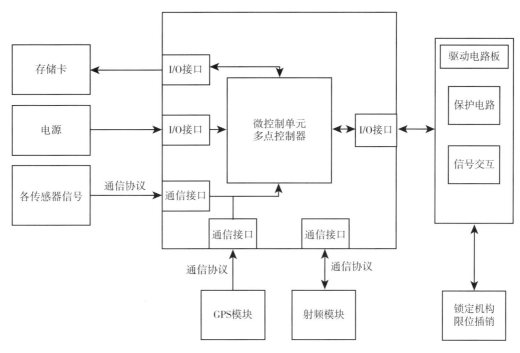

图 6-6　下驱动器硬件系统框图

2）空地通信

控制电路板上的射频模块用于实现通信。射频模块是一种用于无线通信的电子器件，它通过无线电频率传输信号，实现信息的传输和接收。射频模块的主要功能包括信号放大、频率转换、滤波、调制解调以及发射和接收等。

目前现有的无线通信有多种形式。比较常见的有 WiFi 网络和蓝牙短距离无线通信技术，这两种无线通信技术最大的特点是传输距离有限。虽然 WiFi 网络可以通过部署多个接入点并使用桥接或终端技术来扩展覆盖范围，但是这种方法需要合理的网络规划和设备配置，对于高空风力发电设备来说，空中设备难以进行接入点部署，所以上述无线通信技术难以应用到高空风力发电机组。

高空风力发电机组所需要的通信距离范围大概在 1~10 千米，并且需要考虑通信设备在空中的体积、质量影响。综合上述使用条件，这里分析飞机与地面塔台的通信场景。飞机与塔台的通信系统包括多种类型的无线电设备，如甚高频通信系统、高频通信系统以及卫星通信系统等。甚高频通信系统能够在较近的距离内提供稳定的通信链路，通常用于飞机在起飞、降落以及飞行过程中的交通管制和通信。高频通信系统能够完成长距离的通信任务，适用于飞机在远离陆地或塔台覆盖范围的区域进行通信。卫星通信系统允许飞机在全球范围内进行通信，不受地理位置限制。上述通信技术虽然能够实现远距离传输功能，但在飞机与塔台的通信中，通常采用特定的通话结构来确保通信的准确性和效率，为了确保通信的顺畅和安全，飞机与塔台之间的通信需要遵循一定的协议和规范。这些规范包括通信频率的选择、通信语言的规范、通信内容的明确等。在高空风力发电设备运行过程中，空地设备交互时完全采用计算机控制通信设备收发控制信号与其他信号，故上述技术应用到高空风力发电机组还存在技术难题。

综合传输距离范围较远、计算机直接收发信号、设备体积限制等条件限制，需利用长距离无线电（long range radio，LoRa）技术，一种基于扩频技术的远距离无线传输技术。LoRa 使用线性调频扩频调制技术，保持了低功耗特性，并显著增加了通信距离。它可以在不同的频段上运行，包括 433 兆赫、868 兆赫、915 兆赫等全球免费频段，这些频段广泛应用于智能家居、物联网、城市自动化、农业、工业自动化等多个领域。传统的 LoRa 传输距离并不远，但考虑高空风力发电机组所处环境条件，在开阔地带和障碍物较少的环境中，可以满足数千米的传输距离需求。LoRa 设备在通信过程中功耗较低，这对于需要在空中循环往复工作的高空风力发电机组空中设备的传感器网络尤为重要。低功耗意味着传感器可以使用较小的电池供电，减少供电消耗。LoRa 模块通常设计得较为紧凑，适合集成到各种小型设备中，包括传感器，这为驱动器设计减轻载重的负担。此外，LoRa 模块的成本相对较低，适合大规模部署。LoRa 模块可以通过串口、USB 等接口与计算机连接，实现数据的收发。这意味着可以将 LoRa 模块连接到传感器上，通过计算机读取传感器数据，并通过 LoRa 网络将数据传输给另一台计算机，能够实现高空风力发电机组空地交互的功能需求。

3）设备电源

对于高空风力发电设备，我们希望其在空中工作高度区间实现往复循环发电，在特定情况之外，不会经常性地完全收回空中设备，这就要求所需动力设备能够实现自发电功能，并且带有配套的储能设备。

在空中，风资源丰富，除了利用伞来捕获风能，还可设计小型涡轮风机来满足驱动器本身动力需求，且能够在驱动器上设计太阳能电路板。风光结合的动力方案配合储能设备能够满足正常运行工况下的动力需求，也可在紧急情况下保证空中设备安全、顺利地切换工况，收回至地面。

### 6.3.2.2 伞体开合控制

如图 6-7、图 6-8 所示，在伞组设计时，主缆绳上固定一个挡块，用于正常运行状态下锁定下驱动器位置。下驱动器套在主缆绳上，可以实现沿绳直接滑动；沿绳上下各一个锁定机构，分别与挡块、上驱动器链接；内径中带有抓取装置，用于实现驱动器沿绳行走。伞体边缘穿过伞绳，与下驱动器相连。上下驱动器之间有缓冲装置，避免两驱动器接触时冲击过大，用于保护设备。伞体顶部正中心开口套在主缆绳上，并与上驱动器相连。上驱动器同下驱动器，套在主缆绳上，并可以沿主缆绳滑动，内径中带有抱绳装置，在关伞过程中不会向上滑动。

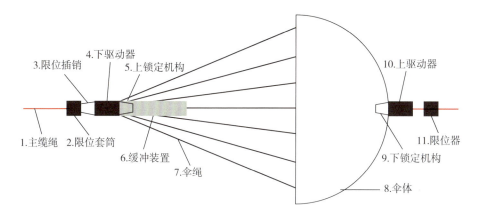

图 6-7　带有开合控制器的伞体全开状态示意图

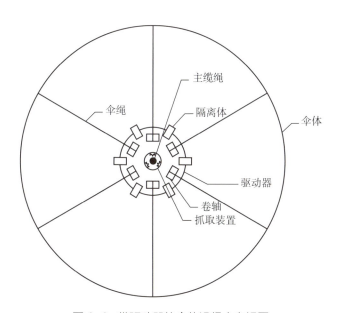

图 6-8　带驱动器的伞体沿绳方向视图

　　上驱动器装有通信装置、控制装置、动力装置和抓取爬绳装置，锁定机构可当作驱动器的一部分；下驱动器装有通信装置、控制装置、动力装置和抱绳装置。

　　通信装置用于接收控制信息，向地面控制中心发送当前状态。控制装置用于读取通信装置接收的控制信息，向锁定机构或抓取爬绳装置发出控制指令，锁定机构通过通电产生磁性，利用卡扣锁及电磁力辅助，实现与挡块的锁定或放开。同时控制装置还应有必要的传感器，根据当前运动过程中的参数发出简单的控制指令。动力装置用于为驱动器的运行提供动力。抓取爬绳装置用于实现驱动器沿绳行走功能。抱绳装置用于保持上驱动器与主缆绳的相对位置。

驱动器与伞绳相连的部分，包括上驱动器与伞顶之间，可设计为缠绳轮盘，应能实现自由周向转动，保证伞体在受风运动时，避免法向力过大对设备造成损害，并且转动角速度几乎一致，避免伞绳相互缠绕。伞绳通过缠绳轮盘与驱动器相连。

上述设备在运行时包括伞体由打开到闭合和由闭合到打开两个过程。

1）伞体由打开到闭合

（1）在伞体打开发电运行过程中，下驱动器通过锁定机构与挡块锁定，其原理为运行过程中，锁定机构与挡块通过卡扣形式的锁体锁定在一起，并且驱动器向锁定机构通电，使其产生磁性，利用电磁力辅助扣形式的锁体。伞体受风力作用完全打开，上驱动器与伞体有共同的稳定状态。

（2）在下驱动器接收到伞体闭合指令后，停止向下锁定机构供电，在失去电磁力的同时卡扣锁解开，由于受风影响，伞绳拉力带动下驱动器沿绳自由向上滑动，伞体向后翻折；上驱动器的抱绳装置保持抱绳动作，避免向上滑动。下驱动器的上锁定机构与上驱动器的下锁定机构之间，也设计为卡扣式锁体，同时通过电磁力辅助锁定动作。缓冲装置具有弹性，在上下驱动器的锁定机构接触时，确保不会产生过大的撞击力，以维持设备寿命，如图6-9所示。

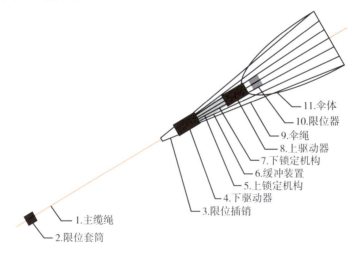

图6-9　伞体闭合状态示意图

（3）下驱动器与上驱动器接触后，通过锁定机构锁死，同时上驱动器抱绳装置解除抱绳状态，被下驱动器带动向下沿绳行走，直到下驱动器的上锁定机构与挡块接触，并锁定。

2）伞体由闭合到打开

（1）伞体向后翻折呈闭合状态。

（2）下驱动器解除锁定机构与上驱动器锁定机构的锁定，通过缓冲装置的弹性势能，同时下驱动器向上锁定机构和上驱动器向下锁定机构反向通电，利用电磁力进行辅助，使上驱动器沿绳向上弹起一段距离，然后依靠风力将伞体撑开，上驱动器被伞体带动继续向上运动。

（3）伞体完全打开后，上驱动器被伞体推向平衡位置。此时上驱动器可根据地面控制中心的控制信号或者自身传感器向控制装置传输的信号判断，抱绳装置是否运行。

（4）整个过程结束后，恢复到过程1）状态（1）。

### 6.3.2.3 伞体迎风面积的无级调节

1）伞绳旋转回收的无级调节

如图6-10所示，驱动器通过可旋转挂绳轮盘与伞绳相连。在需要根据当前运行功率指令对伞体开度进行无级调节时，挂绳轮盘相当于一个小型的容绳装置，将伞绳卷入。在伞顶装置位置保持不变的情况下，伞绳变短，伞体的迎风面积缩小。

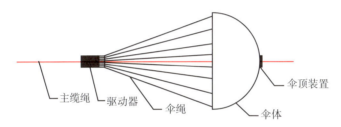

图6-10 带伞绳旋转回收驱动器的伞体示意图

驱动器带有通信装置、控制装置、动力装置。通信装置用于接收控制信息，向地面控制中心发送当前状态。控制装置用于读取通信装置接收的控制信息，向挂绳轮盘发出控制指令。同时控制装置还应有必要的传感器，根据当前运动过程中的参数发出简单的控制指令。动力装置用于为驱动器的运行提供动力。

2）伞面收缩实现的无级调节

如图6-11所示，驱动器安装在伞体迎风面所在平面，驱动器内部装有小型容绳滚筒带有两根调节绳，通过两根调节绳与伞体相连。在当前运行功率指令需要伞体开度进行无级调节时，驱动器的容绳轮盘通过旋转收放调节绳实现伞体面积缩放。

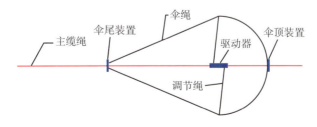

图6-11 带调节绳的驱动器示意图

驱动器带有通信装置、控制装置、动力装置。通信装置用于接收控制信息，向地面控制中心发送当前状态。控制装置用于读取通信装置接收的控制信息，向小型容绳滚筒发出控制指令。同时控制装置还应有必要的传感器，根据当前运动过程中的参数发出简单的控制指令。动力装置用于为驱动器的运行提供动力。

## 6.3.3 连续发电运行与伞梯群协同控制

### 6.3.3.1 连续发电运行方式

高空风能发电技术采用空中伞梯升降往复运动的形式发电，上升过程为缆绳牵引发电机转动的发电过程，而下降过程为电动机牵引缆绳的耗能过程，单套高空风力设备运行过程中，发电过程不连续[8]。

为了解决这一问题，可以采用多套设备分时处于不同状态的方法。例如，采用两个设备，编号为 1# 和 2#，错开上升发电过程和下降耗能过程，当 1# 发电时，2# 耗能，达到某判定条件时，两个设备功能互换，1# 耗能，2# 发电。考虑到换向时，地面设备需要一定的准备时间，所以对伞梯系统上升和下降的速度有一定的要求。

表 6-1 以完成一次发电循环作业工况为例进行说明。假设空中伞梯设备运行的缆绳长度区间为 1000~3000 米，发电过程缆绳放出速度为 5 米 / 秒，耗能过程缆绳收回速度为 8 米 / 秒，发电设备整体换向过程需要 75 秒。现将 1# 缆绳放出 1000 米，2# 缆绳放出 3000 米，此时 1# 即刻可以上升放电，而 2# 需要换向操作。两套设备分别独立运行，输出功率相互协调。在此阶段中，实际运行时可能受环境条件影响导致输出功率波形有波动，但能够实现以 800 秒为一个周期进行不间断发电。

表 6-1 两套设备高度状态表

| 运行时间（秒） | 1# 缆绳放出长度（米） | 2# 缆绳放出长度（米） |
| --- | --- | --- |
| 0 | 1000 | 3000 |
| 75 | 1375 | 3000 |
| 325 | 2625 | 1000 |
| 400 | 3000 | 1000 |
| 475 | 3000 | 1375 |
| 725 | 1000 | 2625 |
| 800 | 1000 | 3000 |

对于本例，可将两组伞梯系统运动状态做以下描述说明：

第一步，开始时，将 1# 缆绳放出 1000 米，2# 缆绳放出 3000 米；1# 卷扬机为发电模式，缆绳以 5 米 / 秒牵引摩擦滚筒正转，通过减速箱带动电机发电；2# 进入换挡换向作业阶段，处于耗能模式。

第二步，时间为 75 秒，1# 缆绳放出 375 米达到 1375 米的位置，处于发电状态。2# 换挡换向操作结束，卷筒快速达到高速反转状态，卷扬机由电机驱动卷筒反转回收缆绳，2# 处于耗能状态。

第三步，时间为 325 秒，1# 缆绳放出 1625 米达到 2625 米的位置。2# 缆绳回收至 1000 米长度，进入换挡换向作业阶段，准备下一阶段与 1# 状态互换。

第四步，时间为 400 秒，1# 缆绳放出 2000 米达到 3000 米最远的位置，1# 发电阶段结束，进入换挡换向作业阶段，开始耗能。2# 换挡换向操作结束，卷扬机转换为发电模式，缆绳以 5 米 / 秒牵引摩擦滚筒正转，通过减速箱带动电机发电。

在此之后 1#、2# 状态互换，直到 800 秒，1#、2# 状态回到第一步，进行下一轮连续发电循环。

对于上例，可用功率随时间的关系图表示（图 6-12）。

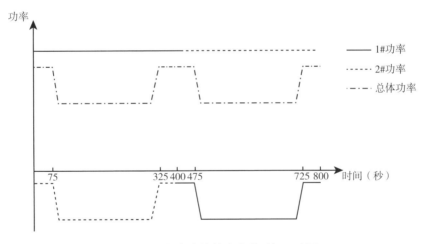

图 6-12　发电连续性功率随时间示意图

通过预先设定的运行升降机制，能够实现同一场站内的多伞梯机组连续发电。同时，针对伞梯式高空风力发电系统长时稳定高效运行的控制需求，根据运行工况划分多伞梯的运动区间，基于大数据分析与深度学习等理论方法，揭示多伞梯系统功率输出的时空多尺度互补特性，进而根据多智能体协同控制理论，对多伞梯的协调运行进行优化设计，从而实现伞梯式高空风力发电系统的长时、稳定及高效运行。

### 6.3.3.2 机组多智能体协同控制方案

多智能体控制系统是一种由多个智能体组成的分布式系统。每个智能体可以看作是一个独立的实体，具有一定的感知、决策和执行能力。这些智能体通过协同工作，共同完成某一任务或目标。多智能体系统具有较强的适应性和灵活性，可以在复杂、动态和不确定的环境中表现出优越的性能。其特点在于：

（1）自主性：每个智能体可以独立感知、决策和行动，不需要中央控制；

（2）分布性：系统中的任务和计算负载分布在多个智能体之间，避免单点故障；

（3）协作性：智能体之间通过通信和协作，共同完成任务；

（4）弹性：系统对个别智能体的故障具有较强的容错能力。

基于多智能体控制理论实现高空风力发电机组多伞梯的协同控制，以实现连续发电，需要考虑多个伞梯之间的协调、通信、任务分配和故障处理。在进行系统架构设计时，应包括智能体层、通信层、协调层和决策层多层结构组成。

1）智能体层

将每个伞梯作为一个智能体：每个伞梯配备传感器、执行器和通信模块，能够自主感知风速、方向、位置等信息，并作出相应决策。其中，伞梯配备的控制单元负责执行自主决策，如调整飞行路径、角度和高度，以优化能量捕获。

2）通信层

每个伞梯通过无线通信网络与其他伞梯和中央协调器（若有）进行信息交换。同时，定义标准化的通信协议，确保伞梯之间的数据传输可靠且实时。

3）协调层

基于如最大功率跟踪、功率平滑、稳态运行等多种任务需求和当前伞梯状态，动态分配任务。可以采用集中式（中央协调器）或分布式（伞梯间互相协调）方式。同时，设计冲突解决机制，避免伞梯之间的碰撞和干扰。

4）决策层

决策层完成全局目标规划，制定整体发电目标和策略，如最大化发电量、最小化能耗等，并根据实时数据和环境变化，动态调整伞梯的任务和策略。

设计高空风电机组的多智能体协同控制策略，伞梯的运动、能量捕获和控制策略可以通过连续时间的模型进行分析。当建立每个伞梯的运动学和动力学的状态空间方程后，如下式：

$$\dot{x}_i = f_i(x_i, u_i, t) \tag{6-8}$$

式中，$\dot{x}_i$ 是第 $i$ 个伞梯的状态向量；$u_i$ 是控制输入；$t$ 是时间。

设计连续时间控制律，例如 PID 控制、滑模控制或线性二次型调节器控制，使伞梯的状态保持在期望轨迹上。

$$u_i = K_i x_i \tag{6-9}$$

同时，采用分布式协同控制算法，如基于一致性理论的控制算法，使多个伞梯能够协调运动。

$$\dot{x}_i = f_i(x_i) + \sum_{j \in N_i} a_{ij}(x_j - x_i) \tag{6-10}$$

式中，$N_i$ 是第 $i$ 个伞梯的邻居集合；$a_{ij}$ 是相邻伞梯之间的权重。

设定伞梯群系统中存在领航者和跟随者，领航者负责引导系统运动，跟随者根据领航者的状态进行调整。则领航者的状态由其控制策略决定：

$$\dot{x}_l = f_l(x_l, u_l) \tag{6-11}$$

式中，$x_l$ 为领航者的状态变量。

跟随者的状态 $\dot{x}_f$ 受到领航者 $x_l$ 和其他跟随者 $x_n$（$n \neq f$）的影响：

$$\dot{x}_f = f_f(x_f, u_f) + a_{fl}(x_l - x_f) + \sum_{n \in N_f} a_{fn}(x_n - x_f) \tag{6-12}$$

在领航者 – 跟随者控制场景中设计协同控制策略，使跟随者能够跟随领航者运动。例如，通过引入相对状态误差的控制律：

$$u_f = K_f(x_l - x_f) + \sum_{n \in N_f} K_{fn}(x_n - x_f) \tag{6-13}$$

# 6.4  机组运行要求与原则

## 6.4.1  安全运行基本要求

高空风力发电系统作为一种清洁能源解决方案，其安全运行对能源供应的稳定性和环境保护至关重要，发电系统的安全运行不仅关乎个体设备的保护和维护，更关系到整体能源系统的可靠性和持续性发展。通过有效的监测、控制和保护措施，能够最大限度地提高系统的安全性和经济性，推动清洁能源的广泛应用，促进可持续发展目标的实现。

高空风力发电系统的安全运行首先涉及风速监测与控制。风速的准确监测是保证系统安全运行的基础。通常使用多种传感器（如超声波风速仪、激光多普勒雷达等）进行实时监测，以获取当前风速和风向数据。这些数据不仅用于系统的实时运行控制，还用于风速预测模型的建立。预测模型通过历史数据和实时监测数据分析，可以预测未来几小时或几天的风速变化。根据实时的风速数据和预测模型，控制系统可以采用自适应调节等算法，调整伞梯系统的运行姿态（如调整伞体运行角度或方向）和发电机转速。确保系统在各种风速下都能够有效运行，同时最大化能量产出。除此之外，还能够及时监测到风速发生迅速且大幅度的异常变化，此时单纯靠系统的抗干扰或自适应调节控制功能已经无法应对工况的剧烈变化，甚至将进一步导致系统的不稳定，因此控制系统应具备快速响应能力，能够判断是否需要启动紧急停机程序。这种情况下，系统需迅速切断风机的电力输出，以避免设备损坏或人员安全受到威胁。此外，系统还需要与电网保持良好的连接，这涉及适当的电力电子设备和通信系统，以实现电能的变频调节，将产生的电能高效输送到用户，同时能够响应电网的调度和需求，维持电网的稳定运行。

机械部件和结构的安全性是另一个关键点。伞梯陆基高空风力发电系统的伞体、轴承、发电机和卷扬机等结构要能够承受长期的高负荷工作，尤其是高空设备，长期工作在高风力、超低温的恶劣环境下，需要定期进行结构健康监测和疲劳预测，确保设备的长期可靠性和安全性。伞梯陆基高空风力发电系统的空中设备主要由氦气球、平衡伞、做功伞、控制系统和通信系统等组成。国内某高空风能发电示范项目中部分相关设备的型号参数如表 6-2 所示。

表 6-2　部分相关设备参数

| 设备 | 参数 |
| --- | --- |
| 容绳卷扬机 | 拉力 3~10 千牛，收绳速度大于 15.7 米 / 秒 |
| 电机 | 400 千瓦，1000/1800 转 / 分 |
| 减速箱 | 减速比 5.4，输出扭矩 26000 牛·米 |
| 卷筒底径 | $\phi$ 1000 毫米 |
| 做功伞 | $\phi$ 20 米 |
| 伞绳 | 长 48 米，数量 108 根，$\phi$ 2 毫米 |
| 平衡伞 | $\phi$ 20 米 |

该项目中使用的充装氦气材料为三层复合材料，里层为防泄漏密封涂层、中间为受力层（一般为涤纶或者超高分子量聚乙烯）、外侧为抗老化与紫外线涂层，具有密封性、抗老化、抗紫外线、高强度的特点，能适应频繁和大范围的气压变化，具备流体气动外形和较高的升阻比，充放氦气时具有辅助设备接口能在各种气象条件下都能进行氦气的

充放。气球采用双层结构，内层：尼龙和热塑性聚氨酯，保证气密性，内层的加工工艺为热合，内层接缝在受到法向力时，其抗撕裂的强度比较弱。外层：涤纶布和加强带，为主要受力层，大部分法向力由外层结构承受。氦气球下端所连接的系留系统能够保证氦气球与主缆绳可靠地联结。

平衡伞具有能够提供足够升力、合适的俯仰角、合适的风向水平夹角的气动外形，各种风速等气象条件下的稳定性与可靠性伞体结构。平衡伞控制器与平衡伞伞体配合进行平衡伞系统的俯仰角、与风向水平夹角的可控控制，具有自锁功能，只有需要调节时才需要消耗能量，重量轻，可靠性高，具备户外多种气象条件下、频繁的温差与气压变化条件下的稳定性。平衡伞控制器为高空风能设计、制造、装配、调试、生产等，适配于各型平衡伞。伞绳系统中通过让每根伞绳受力均匀，使系统具备防缠绕功能。做功伞伞体也采用高空风能标准 566_1UP 材料，可以满足做功伞高频次的状态变换。做功伞控制系统执行地面控制中心控制信号，并将执行情况、做功伞伞体姿态等实时向地面控制中心传输，空中多套做功伞控制系统具备组网功能，具备自我决策功能以保证极端情况下做功伞系统的安全。

空中各通信单元在空中自动组网，并与地面控制中心通信，各个通信模块互为备份，在与地面控制中心通信不畅时可从其他通信模块中获得指令。空中组网后，各个动作模块动作时会自动规避网络中其他单元避免碰撞缠绕等问题。主缆绳为高强度超高分子量聚乙烯缆绳，是气球和地面设备的连接部件。8 根系留绳对称分布在球体的中下部，为直径 6 毫米高强度超高分子量聚乙烯缆绳，连接末端是二次系留绞盘，如果不系留则是松开状态。主缆绳最大承受拉力为 9.5 吨，同时有很好的柔韧性，风吹气球的时候，气球可能会打转，这时候主缆绳不会断裂、不会缠绕。系留绳的最大承载拉力为 3 吨，完全胜任静止系留的要求。空中系统具备防雷电和防水设计，但是经测试，运行阶段主缆绳在下雨时不导电，且主缆绳连接万向滑轮座，万向滑轮座为与大地导通的金属设备，即使缆绳带电也可以经过万向滑轮座将电导入大地。面对缆绳断裂等极端情况时，可以采取氦气球紧急泄气的紧急回收处理方案：判断气球 GNSS、高度等数据失常并需要紧急泄气时，启动撕裂幅电机，撕开气球上的撕裂幅，使气球升力慢慢减少，系统慢慢降落。

应始终保持对系统的运行状态监控与故障诊断工作，评估系统中使用的传感器、数据采集系统和监控算法的有效性，确保及时检测和诊断风力发电机可能存在的故障和异常情况。系统通常使用多种传感器来监测风速、风向、温度、湿度、振动和电流等关键参数。传感器的位置选择应确保能够准确反映关键组件（如伞体、发电机、氦气球）的工作状态，评估传感器的准确性和稳定性是关键步骤，包括实地测试和与标准设备对比，确保传感器输出的数据符合预期，并且能够在各种工作条件下稳定工作。数据采集系统需要能够以足够的频率采集传感器数据，以保证实时监控和快速响应系统状态变化。评估数据采集系统的实时性和数据处理能力是确保监控系统有效运行的一部分，所采集的数据质量和完整性涉及数据存储、传输和处理的稳定性，以及数据在异常情况下的丢失或损坏的防范措施。监控算法通常包括基于实时数据的风速预测模型和异常检测算法，能够识别并响应系统中可能出现的故障或不正常工作状态，如伞体损坏、电力输出异常等。监控算法还包括自适应调节策略，以适应不同的风速和电网需求。远程控制功能则允许操作人员在远程监控和调整系统运行参数，确保系统在故障发生时能够快速响应并采取必要的紧急措施。通过实时数据分析和监控算法，系统能够诊断潜在的故障原因并提供相应的维护建议，自动化生成故障诊断报告，提示操作人员采取适当的维修措施。维护记录的建立和分析可以帮助优化系统性能。定期维护和检查传感器、数据采集系统和监控算法的效果，对系统长期稳定运行至关重要。

风力发电系统还应具备应急停机和安全保护机制，以应对极端天气条件或其他安全风险。这包括应急停机按钮、风暴保护系统和电气断路器等设施，确保在发生问题时及时切断电源并保护设备和操作人员的安全。如在伞梯不能关闭或缆绳断裂等情况下，启动回收电机回收空中伞梯，卷扬机可以同时从备用电路取电，但是电功率不宜过大。卷扬机突然震动、润滑系统出现故障、设备温度过高、齿轮箱进口油压过低或放飞条件不满足等情况下要将卷扬机快速停机。系统采取紧急停机、主电机故障、液压系统故障等情况下要报警，并紧急停卷扬机。同时，稳态工作点参数的变化可以反映电机的运行状态，在地面设备的运行过程中，检测和分析这些参数的变化可以及时发现电机的故障或异常情况，从而进行维修和保养。

## 6.4.2 并网运行基本要求

风电固有的不稳定性决定了其大规模渗透势必对电力系统的安全稳定运行带来挑战。为应对此类难题，世界各国先后制定了符合各国国情的风电并网标准。爱尔兰国家电网公司于 2002 年制定了风电场接入电网技术规定；德国风电装机比例最高的意昂输电网公司 2003 年颁布了风电接入高压电网的并网标准，对接入其高压网络的、包括风电在内的电源技术作出了严格规定；我国于 2005 年 12 月 12 日制定了首个风电场并网的指导文件 GB/Z 19963—2005《风电场接入电力系统技术规定》，该文件考虑到当时的风电技术水平，适当地降低了相关要求，仅提出一些原则性的规定。随着我国多个百万千瓦、千万千瓦风电基地的建设运营，大规模风电接入将对电力系统的稳定性、调度运行和电能质量等造成显著影响，因此，为提升风电并网的友好特性，国家进一步修订了技术规定，并于 2011 年 12 月 31 日颁布了新版 GB/T 19963—2011《风电场接入电力系统技术规定》，于 2021 年 8 月 20 日发布 GB/T 19963.1—2021《风电场接入电力系统技术规定　第 1 部分：陆上风电》以部分代替更新陆上风电接入标准，该标准规定了风电并网的通用标准[9]。高空风电作为全新的风电形式，目前并未有针对高空风电的并网标准，因此，实现高空风电的大规模并网，首先应严格遵循现行的风电并网标准。

由于不同国家的环境和地理条件不同，电网的结构和规模也不尽相似，各国的风电并网技术规定存在差异。但是，有功功率控制、无功/电压控制及功能、低电压穿越能力却都是在各技术要求文件中着重强调的标准。本节将介绍以上要求，显然，高空风电应首先满足以上要求，才能实现初步的并网运行。

### 6.4.2.1　风电场有功功率控制

我国国家标准 GB/T 19963.1—2021《风电场接入电力系统技术规定　第 1 部分：陆上风电》中提出："风电场应配置有功功率控制系统，能够接受并自动执行电力系统调度机构下达的有功功率及有功功率变化的控制指令并进行相应调节，具备有功功率调节和参与电力系统调频、调峰和备用能力。"同时给出了风电场有功功率变化限值的推荐值，见表 6-3。

表 6-3　正常运行情况下风电场有功功率变化最大限值

| 风电场装机容量（兆瓦） | 10 分钟有功功率变化最大限值（兆瓦） | 1 分钟有功功率变化最大限值（兆瓦） |
| --- | --- | --- |
| < 30 | 10 | 3 |
| 30~150 | 装机容量 /3 | 装机容量 /10 |
| > 150 | 50 | 15 |

GB/T 19963.1—2021 同时规定："在电力系统事故或紧急情况下，风电场应根据电力系统调度机构的指令快速控制其输出的有功功率，必要时可通过安全自动装置快速自动降低风电场有功功率或切除风电场；此时风电场有功功率变化可超出电力系统调度机构规定的有功功率变化最大限值。"当电力系统频率高于 50.5 赫兹时，根据 GB/T 19963.1—2021，需按照电力系统调度机构指令降低风电场有功功率，严重情况下切除整个风电场。

### 6.4.2.2　风电场无功配置与电压控制

风电场的无功配置原则和电压控制要求是所有风电并网技术文件与规范标准的基本内容，目的是保证风电场并网点的电压水平和系统电压稳定。我国的国家标准中充分考虑到各风电场的无功容量配置需求与风电场容量规模及所接入电网的强度有密切关系。

因此，对不同规模、不同电压等级的风电场分别提出了相应的要求。我国风电并网标准中对风电场无功容量配置的原则要求见表6-4。

表6-4　我国风电并网标准风电场无功容量配置原则

| 并网方式 | 风电场无功容量配置原则 |
| --- | --- |
| 对于直接接入公共电网的风电场 | 其配置的容性无功容量能够补偿风电场满发时场内汇集线路、主变压器的感性无功及风电场送出线路的一半感性无功之和，其配置的感性无功容量能够补偿风电场自身的容性充电无功功率及风电场送出线路的一半充电无功功率 |
| 对于通过220千伏（或330千伏）风电汇集系统升压至500千伏（或750千伏）电压等级接入公共电网的风电场群中的风电场 | 其配置的容性无功容量能够补偿风电场满发时场内汇集线路、主变压器的感性无功及风电场送出线路的全部感性无功之和，其配置的感性无功容量能够补偿风电场自身的容性充电无功功率及风电场送出线路的全部充电无功功率 |

### 6.4.2.3　风电场低电压穿越

图6-13为我国风电并网的通用标准对风电场低电压穿越能力的要求。要求主要包括两点：

（1）风电场并网点电压跌至20%标称电压时，风电场内的风电机组应保证不脱网连续运行625毫秒。

（2）风电场并网点电压在发生跌落后2秒内能够恢复到标称电压的90%时，风电场内的风电机组应保证不脱网连续运行。

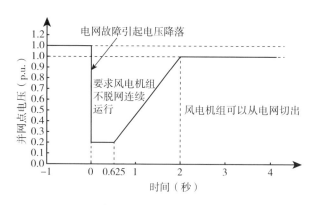

图6-13　我国风电场低电压穿越能力的要求

同时，我国国家标准GB/T 19963.1—2021《风电场接入电力系统技术规定　第1部分：陆上风电》对总装机容量在百万千瓦级规模及以上的风电场群，还提出了动态无功支撑能力的要求。当电力系统发生三相短路故障引起电压跌落时，每个风电场在低电压

穿越过程中应具有以下动态无功支撑能力。具体要求如下:

（1）当风电场并网点电压处于标称电压的20%~90%区间内时，风电场应能够通过注入无功电流支撑电压恢复；自并网点电压跌落出现的时刻起，动态无功电流控制的响应时间不大于75毫秒，持续时间应不少于550毫秒；

（2）对称故障时，风电场注入电力系统的动态无功电流增量应响应并网点电压变化，并应满足:

$$\Delta I_t = K_1 \times (0.9 - U_t) \times I_N, (0.2 \leqslant U_t \leqslant 0.9) \qquad （6-14）$$

式中，$\Delta I_t$为风电场注入的动态无功电流增量；$K_1$为风电场动态无功电流比例系数，$K$的取值范围应不小于1.5，宜不大于3.0；$U_t$为风电场并网点电压标幺值；$I_N$为风电场额定电流。

（3）不对称故障时，当并网点电压正序分量在标称电压的60%~80%时，风电场应能向电网注入正序动态无功电流支撑正序电压恢复，从电网吸收负序动态无功电流抑制负序电压升高。风电场动态无功电流增量应响应并网点电压变化，并满足:

$$\begin{cases} \Delta I_t^+ = K_2^+ \times (0.9 - U_t^+) \times I_N, (0.6 \leqslant U_t^+ \leqslant 0.9) \\ \Delta I_t^- = K_2^- \times U_t^- \times I_N \end{cases} \qquad （6-15）$$

式中，$\Delta I_t^+$为风电场注入正序动态无功电流增量；$\Delta I_t^-$为风电场吸收负序动态无功电流增量；$K_2^+$为风电场动态正序无功电流比例系数，取值范围应不小于1.0；$K_2^-$为风电场动态正序无功电流比例系数，取值范围应不小于1.0；$U_t^+$为风电场并网点电压正序分量标幺值；$U_t^-$为风电场并网点电压负序分量标幺值；$I_N$为风电场额定电流。

### 6.4.2.4 风电场并网性能检测要求

国家标准GB/T 19963.1—2021《风电场接入电力系统技术规定 第1部分:陆上风电》对风电场接入系统测试的基本要求作出了明确规定:

（1）当接入同一并网点的风电场装机容量超过40兆瓦时，需要向电力系统调度机构提供风电场接入电力系统测试报告；累计新增装机容量超过40兆瓦，需要重新提交测试报告。

（2）风电场在申请接入电力系统测试前需向电力系统调度机构提供风电机组及风电场的模型、参数和控制系统特性等资料。

（3）风电场接入电力系统测试由具备相应资质的机构进行，并在测试前30日将测试方案报所接入地区的电力系统调度机构备案。

（4）风电场应当在全部机组并网调试运行后6个月内向电力系统调度机构提供有关

风电场运行特性的测试报告。

国家标准对测试内容也作出了具体要求，主要包括风电场有功/无功控制能力测试、风电场电能质量测试，包含闪变与谐波、风电机组低电压穿越能力测试、风电场低电压穿越能力验证、风电机组电压、频率适应性测试和风电场电压、频率适应能力验证等。

### 6.4.3 控制系统设计基本要求

#### 6.4.3.1 机组安全保护系统

在空中设备处于起飞状态时，伞体开合逻辑应考虑环境条件，如风速是否达到切入风速、伞体是否处于可以完全展开的高度等。在起飞状态时，系统并不发电，因此需充分考虑空中设备升力能否克服自身重力，以及安全上升的权重。在设计逻辑时，需为运行参数预留充分的裕量，严格保证机组安全运行。

在空中设备处于正常运行状态时，系统应具有参数越限保护功能。在高空风力发电机组运行过程中，许多参数需要监控，在机组运行处于不同模式时，根据工况对越限参数的规定不同，参数越限保护应具有以下功能：

（1）速度保护：根据机组最大功率跟踪模式和平滑功率模式，通过空中设备模型输出绳速指令与地面控制中心对电机转速进行控制的对比实现速度保护。

（2）张力保护：根据张力传感器与缆绳自身特性，通过伞体开合逻辑执行的开关伞操作实现对缆绳的张力保护。

（3）电机保护：对电机的保护包括速度保护，还应包括震动保护，对电机振动频率设限，在不同运行阶段对电机进行分级处理。

#### 6.4.3.2 微控制器保护系统

干扰的分类可以分为以下几类：

（1）电磁干扰：包括辐射电磁干扰和传导电磁干扰。

（2）光电干扰：包括光电接收器的干扰和光源的干扰。

针对不同类型的干扰，可以采取以下措施来进行保护：

（1）电磁屏蔽：使用屏蔽罩、屏蔽盒等材料对设备进行屏蔽，阻挡外部的电磁干扰。

（2）滤波器：使用滤波器来滤除电路中的高频杂波，减少电磁干扰的影响。

（3）接地保护：通过良好的接地和接地屏蔽来减少传导电磁干扰对设备的影响。

（4）光电隔离：使用光电隔离器来隔离光电设备与外部光源的干扰。

在进行抗干扰保护时，需要遵循以下原则：

（1）原则上应该在系统设计的早期阶段就考虑抗干扰问题，采取预防措施。

（2）选择合适的电磁兼容材料和设备，尽量降低其对外部干扰的敏感性。

（3）对设备进行良好的维护和管理，及时清理设备与周围环境中的电磁干扰源。

（4）进行定期的电磁干扰测试，确保设备的抗干扰性能符合相关标准要求。

### 6.4.3.3 紧急故障避险保护系统

紧急故障避险保护系统是一种用于保障高空风力发电机组在紧急情况下安全运行的系统。该系统的主要功能是在发生紧急状况时及时采取措施，保护发电机组和相应的设备，保障人员安全。

系统会配备紧急切断装置，一旦发现紧急情况，如电气故障、机械故障等，人员可以立即采取措施，如通过紧急切断按钮立即切换机组运行状态，使系统进入紧急保护状态，在保障设备和人员的安全下，进行如回收的操作，防止事故的扩大。

在紧急故障避险保护系统运行后，应在所有故障均已排除后，通过手动复位才能重启机组运行。

## 参考文献

［1］高宇，张继勇.基于自抗扰控制策略的直接转矩风力发电系统研究［J］.科技创新与应用，2024，14（3）：40-42，46.

［2］李波.永磁同步风力发电系统最大功率跟踪控制算法研究［D］.广州：华南理工大学，2017.

［3］王成豪.永磁同步电机控制方法研究［D］.绵阳：西南科技大学，2023.

［4］张宝琳.受扰奇异摄动时滞系统的最优控制方法研究［D］.青岛：中国海洋大学，2006.

［5］王海红.非线性离散时滞系统最优控制近似方法研究［D］.青岛：中国海洋大学，2004.

［6］张建军.一种开口可调的伞型风力装置及其调节方法：CN201611248541.1［P］.2023-07-28.

［7］张建军.一种单驱动式伞型风能转换装置及其开合方法：CN201611246833.1［P］.2023-05-02.

［8］魏辽国，齐悦，钟明，等.高空风能发电地面设备的研究［J］.工程机械，2023，54（5）：72-77，9-10.

［9］全国电力监管标准化技术委员会.风电场接入电力系统技术规定：GB/T 19963—2011［S］.北京：中国标准出版社，2012.

# 7 绩溪试验项目

## 7.1 项目概述

### 7.1.1 背景

绩溪高空风力发电项目于 2017 年 8 月取得安徽省发改委核准文件。核准文件指出"鉴于该项目为国内首次高空风电规模化商业化建设项目，技术尚处于初步试验示范阶段，本着'先行示范、陆续推广'的原则，同意项目按装机容量 100 兆瓦一次规划，分期实施"，并要求项目公司"科学制定分步实施计划，不断总结积累经验，完善技术方案"。绩溪高空风力发电项目采用伞梯陆基高空风力发电技术，建设利用 500~3000 米中高空风能的发电机组系统，开展中高空风力发电的技术研发和试验、发电系统设计和建造、风电场建设、运维等业务，努力实现高空风电产业化。一期工程即为已成功发电的绩溪试验项目。

绩溪试验项目的建设单位是中国能建中电工程和中路股份合资的绩溪中能建中路高空风能发电有限公司。2021 年 5 月，中国能建与中路股份签订了合作协议，合作内容主要包括加强高空风能发电政策研究和标准合作、加强高空风力发电技术合作、加强高空风力发电成套装备制造合作和加强高空风力发电示范项目合作。2021 年 11 月，中电工程、中路股份及绩溪中路高空风能发电有限公司签订股权转让合同，合同生效后中电工程持有绩溪高空风能发电有限公司 51% 股权，中路股份持有绩溪高空风能发电有限公司 49% 股权。

绩溪试验项目采用 EPC 方式进行建设，总承包单位是中国能建安徽省电力设计院有限公司，施工单位是中国能建江苏省建设第一工程有限公司，全过程咨询单位是中国能建广东省电力设计研究院有限公司，中国能源建设集团科技发展有限公司负责地面设备运维，宣城中路天风运维有限公司负责空中设备运维。

绩溪试验项目从 2021 年 12 月正式开工建设，2022 年 9 月完成场区内土建工程、地面空中设备安装工程及 35 千伏配套送出线路工程并实现倒送电，2024 年初实现成功发电。

图 7-1 是绩溪试验项目主要建设时间节点。

图 7-1　绩溪试验项目主要建设时间节点

### 7.1.2  总体情况

#### 7.1.2.1  项目建设规模

绩溪试验项目的装机容量为两套 2.4 兆瓦伞梯陆基高空风力发电机组，同时还建设一座 35 千伏开关站，以 1 回 8 千米架空 + 电缆线路接入 35 千伏金沙变电站。

#### 7.1.2.2  总体方案

绩溪试验项目厂区总体围绕主厂房进行布置，地面机械发电设备布置在主厂房内，万向滑轮、辅助卷扬机等设备户外布置。厂区总体按两座充气桩和八座升空桩进行规划。

发电机组由空中部分、地面机械发电设备、辅助设备、控制设备等组成。每台 2.4 兆瓦高空风力发电机组配置一组空中伞梯，由一只直径 14 米浮空器、三套半径 7 米或 10 米平衡伞、四套半径 20 米做功伞和一根长 5000 米缆绳组成。主厂房内地面发电设备主要包括容绳卷扬机、主卷扬机、张紧装置、导向滑轮等。室外布置有充气桩、升空万向滑轮和辅助卷扬机。厂内设置一套循环水冷却系统，主要用于减速箱及电机的冷却。机组总体结构见图 7-2。

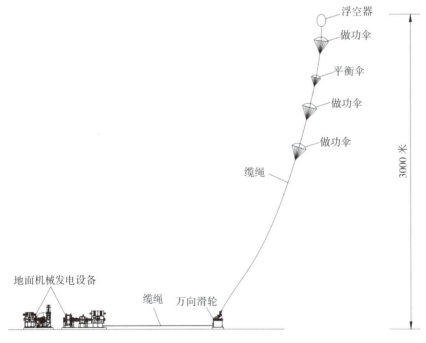

图 7-2  机组总体结构图

经过综合技术比选，绩溪试验项目发电机组采用电气汇流方案，每台 2.4 兆瓦机组包括一台 2.4 兆瓦变频器、两台 1000 千瓦的主卷扬机电机和一台 400 千瓦的容绳卷扬机电机。三台电机接入 2.4 兆瓦变频器后对外输出电能。电机的型式为三相异步电机。

绩溪试验项目建设一座主厂房（同时预留了下期主厂房扩建位置）、一座综合楼、一座综合泵房和机力冷却塔、两座充气桩和两座升空桩。

### 7.1.2.3 场址周边环境

绩溪试验项目场址位于安徽省宣城市绩溪县金沙镇，场地西侧紧邻金沙河河道，北侧为金沙河和戈溪河交汇点，东侧紧邻088县道和S01溧黄高速。从伞组放飞角度来说，场址西侧的搅拌站、省道、铁路和场址东侧的架空线路、高速、山体、民房对放飞有不利影响。实际放飞时，现场团队都是选择风向为北风时进行放飞操作，使伞组尽量在电站场地范围上空。

项目场址的空域由军航批复，空域使用半径为 3000 米，高度为 3000 米。

# 7.2 工程设计

## 7.2.1 总平面布置

### 7.2.1.1 厂区总体布局

绩溪试验项目场地的边界不规则，总体呈东北至西南走向，东西方向最大宽度约为 120 米，南北方向最大长度约为 465 米。厂区内布局根据场地走向、工艺流程综合确定：进场道路由 088 县道引接，主厂房位于场地中部偏北位置，两个充气桩位于主厂房两侧，升空桩围绕充气桩在主厂房两侧规划，厂区总体布局见图 7-3。

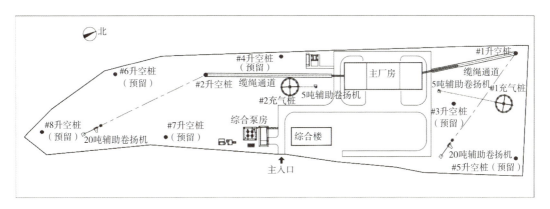

图 7-3　厂区总体布局图

### 7.2.1.2 升空桩

因绩溪试验项目场地周边障碍物众多，为避免在伞梯放飞及回收时受到障碍物影响，本期选用了位置条件最好的 #1、#2 升空桩。从图 7-3 可以看出，升空桩（万向滑轮）、5 吨辅助卷扬机和 20 吨辅助卷扬机围绕充气桩，总体呈三角形布置方位。

### 7.2.1.3  缆绳通道

万向滑轮和主厂房地面设备出绳口之间是缆绳通道。绩溪试验项目的缆绳通道采用一半地下、一半地上的方式，这是因为万向滑轮的入绳口位置在地面以上，缆绳无法全部布置在缆绳沟内。地下部分的缆绳通道安装托辊用于减少缆绳的磨损，地上部分的缆绳通道区域地面铺设草坪。

正常发电时，缆绳的最高运行速度能达到约 16 米 / 秒，折合时速接近 60 千米 / 小时，对于接近的人员危险性很大。因此，为保证运行期间的安全，在地上缆绳通道的两侧设置了保护围栏。

### 7.2.1.4  空中及室外地面设备防雷接地

浮空器、做功伞和平衡伞的本体均采用不导电的织物制作。伞梯的驱动器为法拉第笼的同位体设计，外壳金属部件航空铝合金是良好的导体，电荷可以自由流动，不容易造成电荷聚集；内部核心器件设置有金属屏蔽罩，最大程度降低感应雷击概率。

缆绳与室外万向滑轮座金属滑轮可靠接触（主缆绳在空中时不存在不接触的情况发生），万向滑轮本身为金属且通过接地引下线与地下接地网连接。万向滑轮与缆绳接触部分的材质为 304 不锈钢。

充气桩、升空桩四周设有与厂区主接地网相连的环形接地网和垂直接地极。

## 7.2.2  主厂房布置

### 7.2.2.1  发电设备布置

绩溪试验项目主厂房轴线尺寸为 70 米 ×24 米，中部区域净高 16 米，用于布置地面发电设备和变频器；两侧区域净高 4 米，用于布置主控室、配电装置室、二次设备室等。两套地面机械发电设备并列布置，出绳口分别朝向主厂房的左右两侧。

主厂房的内部布局见图 7-4，外立面见图 7-5。地面机械发电设备三维效果见图 7-6。

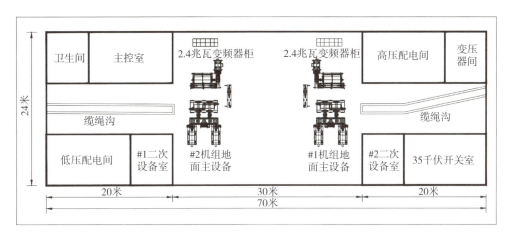

图 7-4　主厂房内部布局图

图 7-5　主厂房外立面图

图 7-6　地面机械发电设备三维效果图

#### 7.2.2.2　主控室布置

主控室内布置有十二个操作工位，包括空中发电控制系统、地面机械发电设备控制台、其余设备计算机监控系统、工程师站、操作员站，主控室内部布置如图 7-7 所示。

绩溪试验项目受场地和主厂房位置限制，主控室布置在主厂房内一角，不利于在伞组放飞和回收时进行观察，后续项目主控室位置选择建议从利于监控人员直接观察到放飞和回收场地的角度考虑。

图 7-7　主控室内部布置图

### 7.2.3　地面辅助设备布置

为配合空中伞梯的放飞和回收，绩溪试验项目设置了两组 20 吨辅助卷扬机和两组 5 吨辅助卷扬机，分别围绕 #1、#2 充气桩布置。图 7-8 展示了理想情况下升空场地设备的相对关系图，图 7-9 为绩溪试验项目 #1 升空场地的实景图。

伞组放飞时，首先打开 5 吨辅助卷扬机缓慢放绳，将浮空器从升空桩移位到 20 吨辅助卷扬机万向滑轮上方 1 米高度，将 20 吨辅助卷扬机缆绳系留在浮空器底部，将平衡伞、做功伞一次绑扎在缆绳上，通过操作 20 吨卷扬机放绳，开启主卷扬机，通过收绳将浮空器移位至升空桩正上方。

绩溪试验项目的辅助卷扬机设置为一大一小，因此平衡伞、做功伞必须全部一次绑扎在缆绳上。后续项目如采用同样的放飞方案，可以考虑取消小辅助卷扬机，设置两组大辅助卷扬机，两台辅助卷扬机都具有拉住全部伞组的能力，这样可以分批绑扎平衡伞和做功伞，减少放飞场地面积。

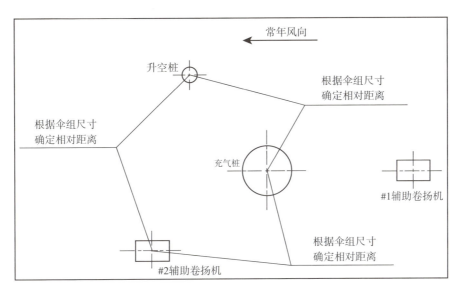

图 7-8　充气桩、升空桩、辅助卷扬机位置关系图

图 7-9　#1升空场地实景图

### 7.2.3.1　辅助卷扬机

绩溪试验项目设置两台 5 吨辅助卷扬机和两台 20 吨辅助卷扬机，仅在伞梯初始放飞和回收地面时使用，机组正常连续发电时不需要工作。

### 7.2.3.2 充气桩

充气桩是一座直径 18 米的圆形混凝土结构，用于放飞前和回收后固定浮空器。充气桩正中心有固定浮空器的绞扣，浮空器固定在充气桩上的实体情况见图 7-10。

每座充气桩周边设有八个锚泊点，采用混凝土 + 拉环方式制作，单个锚泊点的混凝土重量不小于 2 吨，用于对浮空器进行辅助固定。

每座充气桩周边布置有十二台手摇卷扬机，用于浮空器放飞前的稳定，图 7-11 为手摇卷扬机的实体图。

图 7-10　浮空器固定在充气桩上

图 7-11　手摇卷扬机

# 7.3 主要设备设计

## 7.3.1 空中系统设备

空中系统设备主要包括浮空器、平衡伞、做功伞、空中监控系统和缆绳。

### 7.3.1.1 浮空器

浮空器位于空中系统的最顶端，通过充装比空气密度小的氦气从而在空气中产生浮力，带动伞梯初始上升和辅助伞梯回收。绩溪试验项目的浮空器总体外形呈水滴状，参见图 7-12。囊体材料为三层复合材料，里层为防泄漏密封涂层、中间为受力层（尼龙或者超高分子量聚乙烯）、外侧为抗老化与紫外线涂层，具有优秀的流体气动外形和较高的升阻比，能够适应频繁大范围的气压变化。

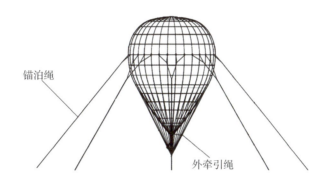

图 7-12 浮空器总体形状图

### 7.3.1.2 平衡伞

平衡伞由龙骨、伞体、伞耳、伞绳等组成，通过张开产生拉力平衡伞梯自重并通过改变角度改变受力，实现伞梯空中姿态的改变。平衡伞具有气动外形，能够提供足够升力、合适的俯仰角、合适的风向水平夹角；能够保证各种风速等气象条件下伞梯结构的稳定性与可靠性。平衡伞采用重量轻、抗紫外线、抗老化的伞体材料，同时配套伞绳、调节驱动器、辅助助力器、空中能量补充系统等附件，驱动器和辅助助力器嵌入空地通信系统。

平衡伞控制器执行地面控制中心发出的指令，通过采集缆绳的空中姿态数据，使平衡伞系统自我维持在地面控制中心设置的俯仰角和与风向水平夹角。

### 7.3.1.3 做功伞

做功伞与平衡伞结构类似，同样由龙骨、伞体、伞耳、伞绳等组成，做功伞伞体材料需要具有重量轻、抗紫外线、抗老化等性能，伞体张开将风能转化为拉力，拉力通过伞耳、伞绳、驱动器传递到缆绳。

做功伞也同时配套伞绳、驱动器、辅助助力器、空中能量补充系统等附件，驱动器和辅助助力器嵌入空地通信系统。

### 7.3.1.4 监控系统

监控系统可以实现对空中系统和地面发电系统进行控制和监测，提供实时控制和实时监测功能，同时系统控制指令和运行状态数据能永久保存，为运维人员作出决策提供资料。地面监控系统和空中通过无线电频率模块连接和交互，地面监控系统和地面发电系统通过网线连接和交互，信息保证在 50~250 毫秒内更新一次。

### 7.3.1.5 缆绳

缆绳是空中系统和地面设备的联系纽带，是机械能传递的连接件。缆绳采用超高分子量聚乙烯纤维编织，表面覆盖专用防磨涂层，具有优秀的圆润度、抗蠕变性能、耐磨损性能和抗弯曲疲劳性能。为进行材料性能对比、为后续项目积累经验，绩溪试验项目两根缆绳分别采用国产和进口纤维作为材料。缆绳最小破断力为 115 吨、标称直径为 36 毫米；单根缆绳长度为 5000 米，整根缆绳连续无接头。图 7-13 为厂家生产过程中的缆绳。

图 7-13　生产过程中的缆绳

## 7.3.2 地面主设备

地面主设备布置在主厂房内，包括储缆容绳卷扬机（包含变速齿轮箱）、张紧装置、主卷扬机（包含变速齿轮箱）以及配套的液压系统等，其设备连接示意如图 7-14 所示。

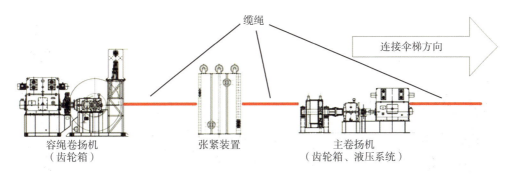

图 7-14    地面设备连接示意图

卷扬机系统是高空风电项目的地面核心设备，运转中绳速较快。传统海工移船定位卷扬机运转时绳速在 2 千米 / 小时左右，类似老人散步；常规岸桥卷扬机绳速约为 18 千米 / 小时，类似自行车骑行；高空风电的卷扬机系统绳速高达 50~60 千米 / 小时，类似一辆运行中的汽车。在如此速度下 24 小时不停机运转，对设备的性能要求极高。

### 7.3.2.1 储缆容绳卷扬机

储缆容绳卷扬机能在不同的收放速度下保证缆绳的张紧状态，使缆绳在容绳卷筒上保持齐排列收，起到收纳缆绳的作用。容绳卷扬机由电机通过联轴器驱动减速箱从而带动卷筒工作，卷筒前端装有排绳器，保证在高速收放时缆绳排列整齐。图 7-15 为绩溪试验项目主厂房内安装好的储缆容绳卷扬机。

结构方面，储缆容绳卷扬机由电机、减速箱、制动器和卷筒等主要部件构成。

### 7.3.2.2 张紧装置

张紧装置的作用为保证设备在收绳或者放绳时，主卷扬机、容绳卷扬机两者之间不存在缆绳松弛现象。

绩溪试验项目的张紧装置采用导向滑轮加配重式张紧，响应速度快且功能结构可靠。

### 7.3.2.3 主卷扬机

主卷扬机为收放缆绳的主要动力设备传递。收绳时，由电机驱动卷筒旋转回收缆绳；放绳时，由缆绳带动卷筒运转从而带动电机发电。主卷扬机具备测量绳长和绳速功

图 7-15  绩溪试验项目储缆容绳卷扬机

能，能够实现缆绳收放的精确控制。

主卷扬机主要由卷筒、减速箱、电机、联轴器、制动器、机架等零部件组成。采用双摩擦卷筒方案，利用缆绳张紧时产生的摩擦力提供拉力；主卷扬机自带液压站控制带式刹车和阻尼刹车。其中，阻尼刹车配合放绳时使用，为主卷扬机提供阻尼制动力；带式刹车可以在停车（停电）后起到安全制动的作用。

### 7.3.2.4  齿轮箱

主卷扬机以及容绳卷扬机中设有齿轮箱（减速器），其作用是为主卷扬机及容绳卷扬机传递力矩及角速度转换。齿轮箱采用外部强制润滑系统，保证齿轮齿面及轴承滚子、内外滚道得到有效润滑；润滑油采用带极压添加剂的专用齿轮润滑油。所有齿轮箱使用的轴承均具有良好的润滑条件，轴承使用高质量的滚动轴承。

齿轮箱上油位计和放油阀的安装位置便于日常维修和检查，油位计采用直接可视式，有油位上下限指示；放油阀装有阀门和磁性塞，并留有接收废油排放的空间。箱体上设置视窗盖，利用视窗口可有效检查齿轮啮合情况及齿面磨损情况。

### 7.3.2.5  液压站

每套地面主设备配置一台液压站，用于卷扬机带式刹车和阻尼刹车。液压站采用无罩壳的结构，电机泵组布置在液压站油箱外，过滤器、冷却器等设备安装在液压站内。

地面主设备机械部分冷却系统采用风冷和水冷结合的方式。

##### 7.3.2.6 变频器

每套变频器包括两个进线柜、两个整流柜、三个逆变柜和一个制动柜，冷却方式为风冷。变频器总体系统单线图见图 7-16。

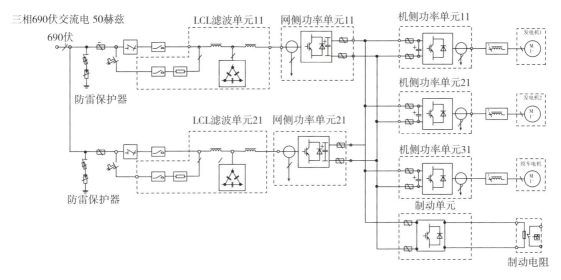

图 7-16 变频器总体系统单线图

变频系统整流侧采用主动前端（active front end，AFE）整流单元为电气驱动单元提供直流电源，采用 IGBT 逆变完成电机驱动系统。

整机系统包含控制器、整流电路、逆变电路及相应的控制保护电路。

变频器具有欠压、过压、过流、过热、整流输入缺相等各种保护功能，确保了变频装置本身在驱动的负载存在各种故障时自我保护不受损坏。

### 7.3.3 地面辅助设备

#### 7.3.3.1 辅助卷扬机

辅助卷扬机由齿轮箱（减速器）、电机、卷筒、缆绳、制动器、调速控制系统等组成。绩溪试验项目的 20 吨和 5 吨辅助卷扬机安装完成后的实体见图 7-17 和图 7-18。

齿轮箱采用闭式设计，采用油浴润滑、飞溅润滑或者安装外部强制润滑系统，润滑方式需保证齿轮齿面及轴承滚子、内外滚道得到有效润滑。箱体上设置有视窗盖，利用视窗口可有效检查齿轮啮合情况及齿面磨损情况。箱体上部应安装有透气帽。

卷筒中间传动主轴与齿轮箱低速轴采用齿式联轴器连接，具有承载能力强、对中性好的特点。齿轮箱高速轴与电机轴采用弹性柱销联轴器连接，能有效地减缓启停、变速时对设备的冲击。

调速系统采用全数字交流变频器，实现无级调速。操作控制系统采用可编程控制器控制。调速系统、操作控制系统之间通过系统信号交换，采用就地控制。在任何运行方式下，可通过开关或急停开关实施紧急安全制动操作。

图 7-17　20 吨辅助卷扬机

图 7-18　5 吨辅助卷扬机

### 7.3.3.2　万向滑轮

万向滑轮是空中和地面的过渡点，缆绳从万向滑轮中穿过，空中伞梯采用缆绳通过万向滑轮与地面卷筒、卷扬机连接。万向滑轮能实现空中伞梯 360° 运行的需求，具有高度的机动性和灵活性。图 7-19 展示了绩溪试验项目的万向滑轮模型图。

图 7-19　万向滑轮模型图

#### 7.3.3.3　充气桩周边辅助设备

除辅助卷扬机外，充气桩及周边还布置有导向滑轮座、辅助手摇卷扬机、充气桩万向滑轮架等。

## 7.4　工程建设及测试放飞

### 7.4.1　设备采购

设备采购工作是绩溪试验项目建设的重要环节，采购范围包括空中系统设备、地面主设备、地面辅助设备等（部分设备实物见图 7-20），因缺少相应设计规程规范，参照国家现行的关于建设工程、电力行业及相关工程设计要求，建设单位牵头组织设计单位、勘察单位、生产制造单位、EPC 总承包单位、施工单位等参建单位，多次召开了关键设备主要参数和重要性能指标研讨会，确保设备材料符合设计规范和标准及相关的国家强制性认证标准或生产许可。

绩溪试验项目工程建设前制定了招标采购、质量和进度控制、设备到场和验收、设备安装环境与职业健康等管理制度，以确保项目能依法合规、稳步有序、绿色环保、安全高效的完成。

（a）浮空器

（b）做功伞

（c）平衡伞

（d）行走式驱动器

图 7-20　绩溪试验项目部分设备实物图

## 7.4.2　土建及安装工程

### 7.4.2.1　土建工程

土建工程是项目的重要组成部分，绩溪试验项目空中系统部分不涉及土建工程，土建工程主要包括地面主设备和辅助设备设施及配套构建筑物的地基与基础工程、主体结构工程、装饰装修工程、屋面工程。

基础施工是重中之重，基础工程开工前，参建方通过编制专项方案，明确了施工工序及主要质量安全技术控制要点，尤其对基础施工质量控制点作出了严格要求，施工过程设置了三检制，并对基础施工工序质量进行自检、复检和终检，在关键工序及隐蔽工程中进行见证及隐蔽工程验收；基础施工在已有建筑物附近开挖时，通过采取必要的安全技术措施，保证了原有建筑物的稳定和安全；基础施工完成后，按照工程质量验收规范对地面发电机组基础进行沉降观测和定期检测，对其他重要基础也设置了沉降观测点，并定期做好沉降观测记录；设备安装前对基础进行养护和成品保护；设备基础、地坪和相关建筑结构施工符合《混凝土结构工程施工质量验收规范》等现行国标规定，在土建工程施工过程中留有完整的验收资料和记录。

绩溪试验项目土建工程展示见图7-21。

（a）主厂房外立面

（b）综合楼外立面

（c）综合楼接待室

（d）主控室

（e）综合泵房

（f）主厂房

（g）主厂房基础

（h）充气桩基础

图 7-21　土建工程展示

### 7.4.2.2 地面设备安装

地面设备安装分为地面主设备、辅助设备安装，两者安装工艺及质量控制点要求基本一致，地面主设备及辅助设备安装见图7-22。

1）到货检查与验收

（1）开箱检查和验收：在设备进场后，参建各方共同对到场设备进行设备开箱检查与验收，根据随机装箱单和设备清单，逐一核对设备名称、规格、数量，清点随机技术文件、质量检查合格证书、原产地证明等。

（2）外观检查：查看设备各个部位在运输过程中是否有变形和损坏、是否有裂缝、是否有异物掉进等。

（3）外形尺寸检查：设备装配前，根据需要装配的零部件配合尺寸、精度、配合面、滑动面进行复查和清洗，并应按照标记及装配顺序进行装配。

（4）成品保护：需清洗的设备零件、部件应按装配或拆卸程序进行摆放，并妥善地保护；清理出的油污、杂物及废清洗剂，不得随地乱倒，应按环保有关规定妥善处理。

（5）其他要求：螺栓或螺钉连接紧固时有锁紧要求的，拧紧后应按其规定进行锁紧；用双螺母锁紧时，应先装薄螺母后再装厚螺母；每个螺母下面不得用两个相同的垫圈。

2）设备安装前需具备的条件

（1）临时建筑、运输道路、水源、电源、压缩空气和照明等，具备设备安装工程的需要。

（2）安装过程中，避免与建筑或其他作业交叉进行。

（3）具备防尘、防雨和排污的措施。

（4）配置消防设施。

（5）符合卫生和环境保护的要求。

3）设备安装质量验收控制要求

参照相关设备装置质量验收规范、标准、专项施工方案、安全技术交底文件、施工组织设计等材料，结合设备出厂说明书和质量合格标志，编制绩溪试验项目设备安装质量验收标准。

（a）地面主卷扬机系统容绳设备

（b）张紧装置

（c）地面辅助设备低压开关柜

（d）地面辅助设备辅助卷扬机

（e）地面主设备主卷扬机

（f）地面辅助设备辅助卷扬机、储能系统

图 7-22　地面主设备及辅助设备安装现场

### 7.4.2.3　空中设备安装

1）空中系统设备组成

空中系统设备由浮空器、缆绳、伞梯系统行走式驱动器等组成。

2）浮空器安装质量控制要求

（1）浮空器进场检查内容，包括材料质量合格证明文件、性能检测报告、外观检测、气压检测报告、浮力检测报告等。浮空器直径为14米，采用氦气为填充物，氦气符合《氦》（T/CCGA 70003—2024）中关于高纯氦的要求。氦气充满球体后，球内部压力≥1兆帕，浮空器充气后的浮力为2000兆帕。

（2）浮空器体密封性能检测，充入气体达到一定的初始气压值并检查测压装置、拼接缝的周边区域不能有漏气点，再通过压力传感器或压力表直接测量试样内部气压，经过一个试验周期，测试最终气压值，计算出气压下降率，达到评价中空复合材料气密性的目的。试验气压值一般为0.5~1.2兆帕；试验的环境条件应符合《橡胶或塑料涂覆织物调节和试验的标准环境》（GB/T 24133—2009）的要求。

（3）浮空器固定在充气桩上，充气桩为直径18米的圆形混凝土基础。基础正中心有预留固定绞扣，用于固定浮空器。绞扣拉力为2000兆帕，实测值允许偏差为±50兆帕。距离充气桩基础中心12米、围绕充气桩周长均匀布置8组1米×1米的混凝土基础，基础中心预埋圆环拉钩，每组基础用直径为5毫米的缆绳对浮空器进行固定。缆绳采用超高分子量聚乙烯纤维材料，拉力不小于200兆帕，允许偏差为±20兆帕。

（4）氦气补气操作要求：对进场的氦气压缩运输罐车日常进行以下内容检查：查看产品合格证，核对检验有效期，检查外观。用氦气罐车对浮空器进行补气，具体过程等同于充气。

（5）浮空器安全操作要求：充灌、回收浮空器必须严格遵守消防、危险化学品安全使用管理等有关规定。升放浮空器的地点需要与高大建筑物、树木、架空电线、通信线等障碍物保持安全距离，避免碰撞、摩擦和缠绕等；升放浮空器需要具备适宜的气象条件，应当确保系留牢固，不得擅自释放，且必须由专业作业人员进行操作，现场应当有专人值守，以预防和处理意外情况。在升放浮空器的球体及其附属物上需要设置警示识别标志。

3）伞梯安装

（1）浮空器移位：首先打开5吨辅助卷扬机缓慢放绳将浮空器从充气桩移位到20吨辅助卷扬机万向滑轮上方1米高度，将20吨辅助卷扬机缆绳系留在浮空器底部，将平衡伞和做功伞及配套驱动器依次绑扎在缆绳上，通过操作20吨卷扬机放绳，开启主卷扬机通过收绳将浮空器移位至升空桩正上方，大约位移40米，偏差控制在2米范围。

（2）缆绳安装：缆绳最小极限破断力≥115吨，允许偏差为±10吨，与浮空器底部用固定绞扣链接。

（3）平衡伞、做功伞安装：平衡伞、做功伞分别与缆绳链接，链接接头均采用人工编结法，错开搭接，总长度不小于 1 米，承载拉力为 10 吨，允许偏差为 ±0.5 吨。

（4）人工编结法的工艺要求：两股绳接头采用插接方式，手工插编操作对每一股至少应穿插五次，五次中至少三次采用整股穿插。对于平滑过渡的插接头，可以用切去部分钢丝的绳股作最后一次穿插。插编部分的绳芯不得外露，各股要紧密，不能有松动现象，插编后的绳股切头要平整，不得有明显的扭曲。

空中设备安装见图 7-23。

（a）空中设备安装人工编结

（b）空中设备安装伞梯组合连接

（c）空中设备浮空器充气

（d）空中设备浮空器放飞前检查

图 7-23　空中设备安装现场

### 7.4.3　测试放飞试验

绩溪试验项目测试范围主要包括开关站倒送电、地面设备、空中设备等，项目测试先后顺序分为倒送电测试、地面设备测试、空中设备测试、放飞试验等内容。

依据工程设备及系统的特点，参照测试范围及要求，编制相应的工序测试控制措施。

### 7.4.3.1　开关站倒送电

开关站倒送电工序目的是能够顺利启动电气设备单体测试工作，审定有关电气设备的运行条件，监督受电设备的运行性能和测试工作质量，核查电气和机械设备系统符合设计及性能满足满负荷情况下的工作需要，检查设备出力等情况。

开关站通过受电试验工作，再次检验开关柜、变压器、二次设备等系统、厂用电保护系统、操作系统等试验范围内电气设备及回路的正确性，使厂用电系统具备单体测试、带负荷条件，为机组各设备、各系统全面进入分步试运创造条件。

### 7.4.3.2　地面设备测试

1）测试目的

检查发现并排除安装工作中存在的问题，检验张紧装置、卷扬机和容绳卷扬机的速度性能指标，为负载试车做准备。

2）测试范围

地面测试范围包括主卷扬机、容绳卷扬机、张紧装置、重载滑轮、辅助卷扬机、升空桩以及配套系统。

3）测试前检查

地面设备试车动作之前，需要做好下述检查工作，确认无故障后方可进行动作：

（1）检查主卷扬机总装检验文件，确保卷扬机系统设备机构是否按照图纸要求装配完毕。检查主卷扬机轴承、铰点、减速箱等润滑情况。

（2）检查容绳卷扬机和张紧装置、摩擦卷筒间纤维绳是否始终绷紧。

（3）检查张紧装置运行是否正常，拉力变化时，滑轮是否能顺利上下并达到极限位置；测量张紧装置滑轮滚珠丝杠温度。

（4）检查电气设备与电路的绝缘值、控制系统接地正确性、电机转向与操纵台标牌的指示是否一致。

（5）检查测试系统各个部分是否有异常振动。

（6）检查减速箱外表是否有渗油和漏油现象，测量减速箱油温、轴承温度。

（7）其他相关检查。

4）地面设备主要测试内容

地面设备测试主要测试内容包括卷扬机测试、张紧装置测试、储能系统测试等，主要测试内容见表7-1。

表 7-1 地面设备主要测试内容

| 序号 | 测试项目 | 测试内容 |
|---|---|---|
| 1 | 地面卷扬机系统通电测试 | 测试通电是否正常，水、液压系统是否正常 |
| 2 | 地面系统无缆绳状态下运行测试 | 测试无缆绳状态下空载运行是否正常 |
| 3 | 带缆绳空载运行测试 | 测试带缆绳空载运行是否正常 |
| 4 | 张紧装置测试 | 测试运行是否正常，拉力变化时滑轮是否顺利上下并达到极限位置 |
| 5 | 辅助卷扬机系统测试 | 测试收放绳是否正常 |
| 6 | 储能系统测试 | 测试充放电、与主控软件通信是否正常 |
| 7 | 其他测试项目 | 满足性能要求 |

5）地面主卷扬机试运行

将地面设备主卷扬机和容绳卷扬机固定在设备底座上，按要求拧紧固定螺栓，先间断慢动作点动几次电机，听声音、看状态，无异常现象情况后方可继续动作；测试主卷扬机额定挡转速，启动电机并逐步将转速提高至 750 转/分，保持 15 分钟，停机；测试主卷扬机轻载低速挡转速，启动电机并逐步将转速提高至 980 转/分，保持 10 分钟，停机；测试主卷扬机轻载高速挡转速，启动电机并逐步将转速提高到 1800 转/分，保持 6 分钟，停机。试车过程做好相关记录，如果遇到故障，在排除故障后再重复上述步骤。

6）张紧装置试验

先将缆绳大部分缠绕到容绳卷扬机卷筒上，通过张紧装置连接主卷扬机和空中伞体部分。启动容绳卷扬机，以 0.5 千牛拉力运行，观察配重位置；逐渐减小容绳卷扬机拉力到 0.3 千牛，观察配重位置；增大容绳卷扬机拉力到 0.5 千牛，观察配重位置后停机。

7）卷扬机速度性能试验

主卷扬机、容绳卷扬机和张紧装置按照设计图纸布置在试验场地，将缆绳全部缠绕到容绳卷扬机卷筒上，绳头依次通过张紧装置、卷扬机、导向滑轮、升空桩万向滑轮，最终连接到空中伞体部分。打开主卷扬机和容绳卷扬机制动器，启动容绳卷扬机、张紧装置和主卷扬机，由浮空器提供初始升力、空中伞体提供拉力，运行时由主卷扬机将绳速控制在 6.8 米/秒（电机转速 750 转/分）以内，持续运行至容绳卷扬机卷筒上缆绳剩 5 层减速，剩余 3 层停机。容绳卷扬机收绳拉力 10 千牛，设定收绳速度 15.7 米/秒，启动卷扬机设定拉力 60 千牛，运行时绳速需控制在 9.8 米/秒（电机转速 980 转/分）以内，持续运行剩余缆绳 1000 米开始减速，剩余 500 米停机。

### 7.4.3.3　空中设备测试

1）测试范围

地面控制系统、空中控制系统、浮空器、平衡伞系统、做功伞系统、辅助系统等。

2）测试原则

可靠、稳定、安全是项目运行的前提，测试过程需要保证现场设备和工作人员的安全，保证电站周边环境和公共设施的安全。测试过程中，应保证各项测试内容均有数据记录，确保数据的真实性，做好数据备份，防止数据丢失。

3）空中设备主要测试内容

空中设备测试主要测试内容包括浮空器测试、驱动器测试、伞组开合测试等，主要测试内容见表7-2。

表7-2　空中设备测试一览表

| 序号 | 测试项目 | 测试内容 |
|------|----------|----------|
| 1 | 浮空器拉力测试 | 测试浮空器是否漏气 |
| 2 | 驱动器升空前测试 | 测试各执行动作和通信是否正常 |
| 3 | 辅助助力器升空前测试 | 测试各执行动作和通信是否正常 |
| 4 | 平衡伞升空测试 | 测试升空后是否正常开合伞 |
| 5 | 做功伞测试 | 测试升空后是否正常开合伞 |
| 6 | GNSS 组件测试 | 测试 GNSS 组件是否正常工作 |
| 7 | 软件控制系统测试 | 测试数据采集是否正常 |
| 8 | 其他测试项目 | 满足放飞要求 |

### 7.4.3.4　放飞试验

放飞试验是绩溪试验项目的关键节点，参照《风力发电场项目建设工程验收规程》的有关规定，放飞前成立了项目试运指挥部并下设放飞试验安全管理机构，明确了试运指挥部的组织职责。在试运放飞统一部署下，根据批准的放飞试验方案，各专业小组协同配合，确保放飞试验顺利开展。

1）基本原则

在试运指挥部统一领导下，建设单位全面组织和协调机组的放飞试验工作，对放飞过程中的安全、质量、进度和效益全面负责；审批放飞试验计划；协调解决放飞试验中的重大问题；组织协调试运指挥部各组及各阶段工作。

2）放飞设备

浮空器、GNSS及风速传感器、平衡伞系统、做功伞系统、主卷扬机、辅助卷扬机、万向滑轮、充气桩、缆绳通道、地面控制系统、空中控制系统及相关配套系统。

3）放飞前主要设备检查内容

放飞前主要设备检查内容包括浮空器外观和气压检查、缆绳外观检查、升空桩和充气桩上设备检查、伞组检查等，主要检查内容见表7-3。

表7-3　放飞前主要设备检查内容

| 序号 | 名称 | 主要检查内容 |
| --- | --- | --- |
| 1 | 浮空器 | 外观 |
|  |  | 内部气压 |
|  |  | 底部密封性 |
| 2 | 缆绳 | 外观 |
| 3 | 辅助缆绳 | 外观 |
| 4 | 辅助卷扬机 | 空载运行和旋转 |
| 5 | 充气桩和升空桩设备 | 接地 |
|  |  | 万向滑轮旋转 |
| 6 | 伞组 | 外观无破损、系留牢固 |
| 7 | 场地 | 铺设情况 |
| 8 | 其他 | 符合放飞条件 |

4）安全措施

贯彻国家安全生产法律法规、规范和标准清单，落实《国家电网有限公司十八项电网重大反事故措施》和《国家能源局防止电力生产事故的二十五项重点要求》等相关规定，成立放飞试验安全管理机构，编制了设备故障和设备失控、风速大于切出风速、低风速下缆绳角度过小、无风情况、浮空器驻留不牢或逃逸、空地信号中断、缆绳与构建筑物交叉、突遇雷击、伞组无法关闭等特殊工况下的应急处置方案，确保安全放飞。

5）放飞试验质量验收评定

高空风能发电在国内属于新型风能利用技术，没有质量验收标准，结合现行规程规范，伞梯系统、浮空器及配套部分以及地面主设备及系统的验收标准以厂家技术标准为准。按照专业划分分别编制了电化学储能系统、卷扬机系统、伞梯系统、分系统测试项目质量验收划分表、机组整套启动试运测试质量验收划分表。

### 7.4.3.5 放飞试验成果

2024 年 1 月 7 日，在空域允许、风速风向合适、试验准备充分的条件下，按照空中系统连接、升空、平衡伞开合测试、做功伞开合测试、地空系统联合测试等流程开展放飞试验。经测试放飞，浮空器升空正常；驱动器接收信号正常、接收指令正常并能正常功能性调节、上驱动上下行走顺畅、下驱动卡套脱离和锁死顺畅；平衡伞开合正常、做功伞开合正常；空地信号传输正常，地面发电设备由电动模式向发电模式切换正常，卷扬机持续有效转动，电量正常显示。放飞试验主要形态见图 7-24。

（a）做功伞关伞回收

（b）平衡伞、做功伞开伞放飞

（c）做功伞开伞吸收风能

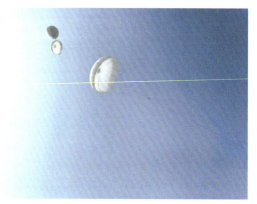
（d）平衡伞展开调整角度

图 7-24　放飞试验主要形态

绩溪试验项目成功发电，成为我国首个可以实现并网的兆瓦级高空风能发电项目，是中国能建在高空发电领域的大胆探索，是我国高空风能发电技术的首次工程化实践，对推动高空风能发电技术和产业化发展具有重大意义。中国能建作为国家能源电力和基础设施领域的主力军和排头兵，正在依托绩溪试验项目和已获批的国家重点研发项目"大型伞梯式陆基高空风力发电关键技术及装备"，开展高空风能发电技术研究和试验，统筹推进千米级高空风能发电原创技术策源地建设，引领我国高空风能发电产业发展。

# 8 展望

## 8.1 商业化展望

21 世纪以来，世界能源结构加快调整，应对气候变化开启新征程,《巴黎协定》得到国际社会广泛支持和参与，中国、欧盟、美国等 130 多个国家和地区提出了碳中和目标，将焦点集中在风能、太阳能和生物燃料等可再生能源上，以取代或减少化石燃料的使用，以风电、光伏为代表的可再生能源发展迎来新机遇。随着新能源技术水平和经济性大幅提升，风能和太阳能利用实现跃升发展。根据国际能源署统计数据[1]，近五年来可再生能源提供了全球新增发电量的约 60%，光伏和风力发电将在 2030 年左右成为世界主要电力来源。

目前，我国发电装机总容量与清洁能源发电装机容量均稳居世界第一，根据国务院新闻办公室发布的《中国的能源转型》[2]，截至 2023 年年底，我国各类电源总装机规模达到 29.2 亿千瓦，其中风电、光伏等清洁能源装机规模达到 17 亿千瓦，占总装机的 58.2%，风电、光伏发电装机呈快速增长趋势。我国各类电源总发电量约 9.6 万亿千瓦时，其中风电、光伏等清洁能源发电量约 3.8 万亿千瓦时，占总发电量的 39.6%。我国能源电力结构持续优化，可再生能源发展处于世界前列，目前正在大力实施可再生能源替代行动，全面推动构建新型电力系统。

当前，陆上与海上风力发电技术正在朝大容量、高塔筒、大直径叶片方向发展，但受限于高塔筒材料与强度极限、大直径叶片制造与运输限制，陆上与海上风机距地高度一般不超过 300 米，无法捕获更高高度的风能资源。高空风能是一种储量丰裕、分布广泛的可再生清洁能源，相较于低空风能，具有风速高、风向稳定与风功率密度大等优势，开发利用潜力巨大。伞梯陆基高空风力发电技术是捕获地面以上 300~3000 米高空风能以实现发电的技术，对于国内外研究者来说都是一片待突破的全新领域，具有广阔的商业化价值与应用潜力。

### 8.1.1 市场需求分析

伞梯陆基高空风力发电技术作为一种新兴的可再生能源技术，近年来开发利用逐渐受到关注。高空风能相比传统风能具有更稳定的风力资源、更高的风能密度、更低的生态环境影响等，在能源转型和环境保护方面具有重要意义，本节将从市场需求驱动因素、市场竞争分析与市场发展趋势展开分析。

1）市场需求驱动因素

随着世界经济的发展，能源需求不断增长，尤其是新兴经济体的快速发展带来巨大了能源需求。寻找替代能源成为世界各国的共同目标和必然选择。世界能源需求在过去的几十年中呈现持续且显著的增长态势，这一趋势在未来仍将延续。国际能源署的研究报告指出[3]，受人口增长、经济发展以及新兴经济体工业化和城市化进程加速等多重因素的驱动，预计到 2050 年，世界能源需求将比当前增长 50%。太阳能、风能、水能、生物能等可再生能源的开发和利用技术不断取得突破，成本逐渐降低，市场份额逐年上升。

我国作为世界上最大的能源消费国和碳排放国，正在积极推进能源转型，我国政府提出到 2030 年非化石能源占能源消费比重达到 20% 左右，2030 年前实现碳达峰，2060 年前实现碳中和的目标。为此，国家对可再生能源的扶持力度不断加大，为高空风力发电技术的发展提供了强大的政策支持和市场驱动，加速了其从技术研发向商业化应用的进程。

高空风能的开发利用离不开高空风力发电技术的发展。随着高空风能技术的不断进步与成熟，其发电效率和稳定性显著提高。先进的飞行控制技术、轻质高强度材料应用以及低阻轻质缆绳的研发，使高空风力发电系统的性能和可靠性大幅提升。随着技术的不断进步，高空风能的市场需求将逐步扩大。

2）市场竞争分析

伞梯陆基高空风力发电与传统风力发电相比，在很多方面具有竞争优势。首先，高空风能资源丰富，风速较高，稳定性较好，这意味着在相同的时间内，高空风能可以产生更多的能量，为大规模的电力生产提供了充足的动力源泉。其次，高空风能开发利用对生态环境的影响较小，不会占用大量土地资源。此外，伞梯陆基高空风能的开发利用还有助于减少大气污染，提高空气质量。

尽管伞梯陆基高空风力发电技术具有许多竞争优势，但现阶段仍存在一定的不足，主要体现在开发利用技术成熟度较低、投资成本较高、尚未完成产业化等方面。

3）市场发展趋势

政策扶持将是推动高空风力发电市场发展的重要因素。各国政府对高空风能的政策支持主要体现在财政补贴、税收优惠、技术研发资助等方面。例如，欧盟制定了雄心勃勃的"欧洲绿色协议"（*The European Green Deal*）[4]，计划对包括高空风力发电在内的各类可再生能源技术进行了大规模投资和研发支持；美国、日本、澳大利亚等国家也制定了可再生能源发展目标和政策框架；我国通过国家重点研发计划项目立项，推动高空风力发电技术的研究和应用，推动技术创新和产业化，鼓励研究机构与相关企业开展高空风力发电领域研究。纵观全球，高空风能市场的竞争日益激烈，国内外资本强势布局高空风电市场。市场对高空风能技术的接受度和认可度也在不断提高，为其发展提供了良好的市场环境。

## 8.1.2 商业应用潜力

伞梯陆基高空风力发电技术的商业应用潜力评估是一个多维度过程，需要考虑高空风能资源、技术成熟度、投资成本现状等多方面因素，本节将从以上几个维度展开分析。

### 8.1.2.1 高空风能资源

高空风能是如今人类尚无法企及的一种储量丰富、分布集中的可再生能源。据相关研究，地球上的风能足以成为 21 世纪国内外经济增长的主要近零排放电力来源[5]，陆上与海上风电的开发潜力约 400 太瓦，而在距地面 500 米至大气平流层底部（距地面约10000 千米高度）的高空风能资源超过 1800 太瓦，当前全球人类每年消耗的一次能源需求为 18 太瓦，即高空风能的理论储量约是当前全球能源需求的 100 倍。高空风能可以让我们过上更环保的生活方式，而无须减少能源的使用。对于能源部门来说，这可能意味着最终解决经济与生态之间的冲突。

根据美国国家航空航天局 GEOS-5 数据源[6]，图 8-1 展示了 2024 年 7 月 2 日全球范围不同高度处风功率密度分布图，图 8-1（a）至图 8-1（d）分别为高度 100 米、1500 米、5000 米与 10000 米的风功率密度分布结果。图中深蓝色为低于 2 千瓦 / 米², 绿色为 2~40 千瓦 / 米²，红色为 40~70 千瓦 / 米²，粉红色为超过 70 千瓦 / 米²，结果表明随高度增加，全球范围内风能资源呈现显著增大趋势，海上风能资源显著高于陆上。

通常情况下，风速随着距地高度的增加而增加，风功率密度与风速的三次方成正比，这意味着风速增加 1 倍，引起风功率密度将增加约 8 倍，在捕风面积不变的情况下，捕获的风能将增加约 8 倍，考虑高空中空气密度的降低，捕获风能实际可增加约 6~8 倍，即便如此，也足可窥见高空风能的广阔储量。

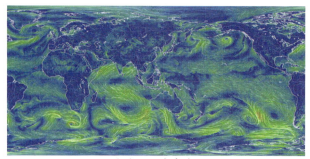

（a）100 米高度

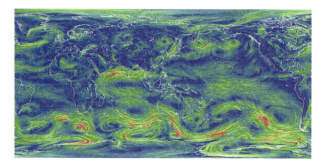

（b）1500 米高度

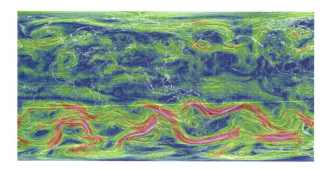

（c）5000 米高度

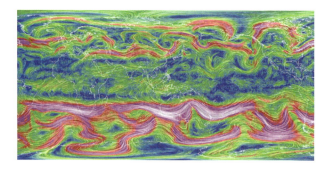

（d）10000 米高度

图 8-1　全球高空风功率密度分布图

以广东省某大型海上风电场为例,在风力发电机 120 米轮毂高度处的年平均风速为
9.0 米 / 秒,这已经是相对较高的近地风速水平,海上风速不受地形、森林、建筑物的
影响,具有与高空风速相似的特点。该风电场 500 米高度的年平均风速为 11.5 米 / 秒,
当折算至风功率密度时,相比于 120 米高度,500 米高度风功率密度大约增加了 1 倍。

#### 8.1.2.2  技术成熟度

随着风力发电技术的持续进步与设备成本的降低,风力发电技术在国内外很多地区
实现了平价上网,这意味着在没有财政补贴的条件下,风力发电技术已经初步具备与传
统燃煤发电、燃气发电竞争的能力。由于风电具有 100% 可再生能源属性,在国内外碳
减排背景下,风力发电技术在国内外能源市场得到越来越多地关注。但风力发电由于其
自身的局限性,陆上与海上风电受塔筒、叶片材料与运输限制,距地高度很难超过 300
米,在近地面处受地形起伏与障碍物影响,风速存在波动性强、风向变化快、风能不稳
定的特点,这导致陆上与海上风电出力具有本征波动性与随机性特点。当风电接入电力
系统时,其电能质量无法与传统燃煤发电、燃气发电竞争,电力系统需要额外配置灵活
性电源、储能或可调节负荷以支撑电力系统稳定。高空风能具有风速高、风向稳定、风
能密度高的特点,高空风力发电系统捕获在高空中稳定分布的风能资源,实现风能 - 机
械能 - 电能的转换,具有比传统陆上与海上风电出力稳定的先天技术优势,伞梯陆基高
空风力发电技术的主要难点在于如何连续高效地实现高空风能的捕获与空地能量传输。

高空风力发电领域主要研究机构分布在欧洲、北美洲与亚洲,其中欧洲与北美洲的
研究能力处于世界领先水平,在固定翼陆基、固定翼空基、浮空器空基与柔性伞陆基等
多种技术路线上涌现一批科技公司;在亚洲,伞梯陆基与浮空器空基则是主要的技术开
发路线。国内外高空风力发电领域主要研究机构及其技术路线见表 8-1。

表 8-1  国内外高空风能领域主要研究机构

| 洲 | 国家 | 研究机构 / 公司 | 技术路线 |
|---|---|---|---|
| 欧洲 | 荷兰 | Ampyx Power 公司 | 固定翼陆基 |
| | 荷兰 | Aenarete 公司 | 固定翼陆基 |
| | 荷兰 | Kitepower 公司 | 柔性伞陆基 |
| | 荷兰 | 代尔夫特理工大学 | 多种技术路线 |
| | 挪威 | Kitemill 公司 | 固定翼陆基 |
| | 英国 | SkySails Power 公司 | 柔性伞陆基 |
| | 英国 | EnerKite 公司 | 固定翼陆基 |

续表

| 洲 | 国家 | 研究机构／公司 | 技术路线 |
|---|---|---|---|
| 欧洲 | 意大利 | KiteGen 公司 | 柔性伞陆基 |
| | 意大利 | Kitenergy 公司 | 柔性伞陆基 |
| | 德国 | KiteKraft 公司 | 固定翼空基 |
| | 德国 | IG Flugwind 团队 | 固定翼空基 |
| | 德国 | Sky WindPower 公司 | 固定翼空基 |
| 北美洲 | 美国 | Makani Power 公司 | 固定翼空基 |
| | 美国 | Windlift 公司 | 固定翼空基 |
| | 美国 | Altaeros Energies 公司 | 浮空器空基 |
| | 加拿大 | Magenn Power 公司 | 浮空器空基 |
| | 美国 | eWind Solutions 公司 | 固定翼陆基 |
| 亚洲 | 中国 | 广东高空风能技术有限公司 | 伞梯陆基 |
| | 中国 | 中国能源建设股份有限公司 | 伞梯陆基 |
| | 中国 | 北京临一云川能源技术有限公司 | 浮空器空基 |

　　自 2010 年以来，来自国内外的高空风力发电领域的参与者在开发下一代 AWES 发电系统原型机方面取得了快速进展，来自中国的广东高空风能技术有限公司开发了基于伞梯原理的 AWES 原型机[7]，并在安徽省完成了原理验证，该技术路线采用大型伞组作为捕风元件，具有实现兆瓦级发电功率潜力；来自美国的 Makani Power 公司开发了一款额定功率 600 千瓦、翼展 30 米、搭载八台机载风力涡轮机飞行器的固定翼空基 AWES 原型机，并完成了初步测试[8]；来自荷兰的 Ampyx Power 团队开发了两架固定翼空基 AWES 原型机，并完成了初步测试[9]；另一家来自荷兰的 Kitepower 团队则致力于开发自动发射和着陆能力的翼形柔性伞陆基 AWES 原型机[10]；来自德国的 IG Flugwind 团队已启动 AWES 原型机的监管和认证工作，并将制定空域安全准则，以保障 AWES 与空域其他飞行器安全运行[11]。

　　随着国内外展现的越来越多的研究热情，高空风力发电领域已形成一个由科学家、研究开发人员和投资者组成的快速发展活动领域。高空风力发电的商业开发投资环境正在稳步改善。据不完全统计，高空风力发电领域的政府级研究资助计划包括：美国能源部 ARPA-E 资助计划（Makani Power 团队）、SBIR 资助计划（eWind Solutions，Windlift 和 Altaeros Energies 团队）、欧盟地平线 2020 SME Instrument 资助计划（Ampyx Power 团队）、德国联邦经济和能源部 ZIM 资助计划（High Altitude Wind Network HWN500 团队）、中国国家重点研发计划项目（中电工程团队）等。当前功率在 100 千瓦以下的小型的 AWES 技术已经成熟，功率在兆瓦级的中大型 AWES 技术正在研究中，包括 ABB、谷歌、阿尔斯通、壳牌、霍尼韦尔、三菱重工、软银、沙特基础工业、挪威国家电力公司与中国能建在内的数十家国内外大型公司已经对数十家 AWES 领域初创公司进行了研究与资金支持[12]。

在国内，伞梯陆基高空风力发电技术已经成为高空风能领域的发展方向之一，并得到了国家相关部门的大力支持。中国能建中电工程 2022 年投建的绩溪高空风力发电新技术示范项目采用伞梯陆基高空风能发电技术路线，能够利用 300~3000 米的高空风能进行发电，已持续开展了大量高空风力发电技术的研究和试验。此外，国家重点研发计划项目"大型伞梯式陆基高空风力发电关键技术及装备"于 2023 年获批立项，这将为我国高空风力发电规模化发展提供关键技术与装备支撑，同时也意味着伞梯陆基高空风力发电技术在未来有望在国内得到广泛应用。

### 8.1.2.3　投资成本现状

伞梯陆基高空风力发电机组整体结构可分为空中设备、缆绳、地面设备三部分。空中设备采用柔性伞作为捕风设备，通过采取上升/下降往复式运动实现风能捕获；缆绳一般采用高分子复合材料，具有轻质高强度特点；地面设备采用卷扬机将缆绳的直线运动转换为旋转运动，随后经机械传动设备、发电机、变流器实现机械能至电能的转换。

伞梯陆基高空风力发电机组与传统陆上或海上风力发电机组的最主要结构差别在于捕风设备与支撑结构，而地面机械传动与发电设备存在一定的相似性。不同于传统风电机组长达上百米的叶片，伞梯陆基高空风力发电机组主要采用柔性伞实现捕风，柔性伞类似于大型"风筝"在空中飞行，因而捕风设备重量与原材料使用量相比于传统风电机组显著降低。此外，传统风电机组为实现提升发电量，机组轮毂高度达到上百米，这意味着风机塔筒需要在上百米高度上支撑风机叶片、轮毂、机舱与舱内所有机电重型设备，而对于伞梯陆基高空风力发电机组，空中设备依靠自身升力实现运行，空地之间通过缆绳连接，因而省去了地面支撑结构及其地下基础，由于高空风力发电机组省去了巨大的叶片、地面支撑结构及其地下土建基础，可显著降低总系统设备成本与安装成本。

据欧盟相关研究机构评估数据[13-15]，相比于传统风力发电机组，在产生相同发电量的情况下，高空风力发电机组需要的材料量更低，仅约为传统风机的 10%，主要是节省了大直径的叶片、轮毂、机舱与塔筒等复合材料与金属设备，同时高空风力发电机组地面部署方便，灵活性强，相应的建造安装费用可节省 50% 以上。高空风力发电机组的总投资成本具有显著的优势。

在高空风力发电平准化度电成本（levelized cost of electricity, LCOE）方面，欧盟研究与创新局对部分技术路线高空风力发电 LCOE 进行了预测，用于评估高空风力发电技术的商业化潜力[16]。在表 8-2 中，按照代尔夫特理工大学 100 千瓦原型机数据测算的柔性伞陆基高空风力发电装置 LCOE 约为 0.94 元 / 千瓦时；按照 EnerKite 公司 500 千瓦原型机数据测算而来的固定翼陆基高空风力发电装置 LCOE 约为 0.35 元 / 千瓦时，这个价格已经低于当前海上风电 LCOE 水平。考虑到当前众多技术路线的 AWES 原型机尚未开展商业化运行，相关产业链也尚未建立，表中预测结果还存在一定下降空间。

表 8-2 国内外高空风能领域主要研究机构

| 研究机构 | LCOE*（元 / 千瓦时） | 测算依据 | 技术路线 |
| --- | --- | --- | --- |
| 代尔夫特理工大学（TU Delft） | 0.94 | 100 千瓦样机 | 柔性伞陆基 |
| Kitepower 公司 | 1.13 | 100 千瓦样机 | 柔性伞陆基 |
| EnerKite 公司 | 0.64 | 100 千瓦样机 | 固定翼陆基 |
| EnerKite 公司 | 0.35 | 500 千瓦样机 | 固定翼陆基 |
| Ampyx Power 公司 | 0.90 | 2000 千瓦样机 | 固定翼陆基 |

注 *：文献［16］中 LCOE 以欧元计算，本表按照汇率欧元：人民币 =1：7.53 换算。

## 8.1.3 商业模式分析

高空风力发电作为一种新兴的可再生能源发电技术，其商业模式仍基本遵循传统风电光伏新能源的模式，可分为并网发电模式和源网荷储模式。

### 8.1.3.1 并网发电模式

1）并网发电模式简介

并网发电模式指的是将分布式能源系统（如太阳能光伏、风能发电等）或其他独立发电系统连接到电网，使之成为电网的一部分。这种模式能够促进清洁能源的大规模消纳。在并网发电模式中，分布式能源系统通过逆变器 / 变流器等设备将电能输送至电网中。通过合理的电网规划和智能控制，可以实现并网发电系统的平稳接入和运行，保障电网的安全稳定。

并网发电模式是推动高空风能技术规模化发展、提高并网发电量和稳定性的主要方式。通过合理规划可以更好地实现高空风力发电系统与电网的互联互通，推动能源系统向更加清洁和可持续的方向发展。

2）高空风力发电项目的并网发电模式

并网发电模式是高空风能商业化的主要路径之一，通过将高空风能发电系统产生的电力接入电网，可以实现大规模的电力供应，满足社会用电需求。

中国能建在安徽绩溪建设的高空风能发电新技术示范项目采用伞梯陆基高空风力发电技术路线，能够利用 300~3000 米高空风能进行发电。该项目采用并网发电模式，通过 1 回 35 千伏送出线路就近接入电网，从而实现并网发电。

### 8.1.3.2　源网荷储模式

1）源网荷储模式简介

源网荷储模式是一种能源系统运行模式，旨在整合可再生能源发电、电网和负荷资源，以实现能源的高效利用和系统的稳定运行。这种模式通常包括以下几个关键组成部分：

（1）源：代表可再生能源发电系统，如太阳能光伏、风力发电、水力发电等。由于受天气等因素影响，可再生能源发电出力具有不确定性和波动性。

（2）网：指电力网络，包括输电线路、变电站等设施，用于将发电系统产生的电能传输到用户或储能设施，同时也可以接收来自用户或其他发电系统的电能。

（3）荷：表示电力需求，即用户对电力的需求。电力系统需要在任何时刻满足用户的需求，因此需要根据用户负荷情况来调整发电和输电。

（4）储：指能量储存系统，用于在能源产生与需求之间进行平衡。储能系统可以存储过剩的电能，以便在需要时释放，从而调节系统的供需平衡。

源网荷储模式的核心在于协调和优化这四个要素之间的关系，以最大限度地提高可再生能源的利用率，降低电力系统的排放量，同时保持电网的稳定运行。通过智能控制系统和先进的技术手段，源网荷储模式可以使能源系统更加灵活、高效和环保。

2）高空风力发电项目的源网荷储模式

高空风能作为一种新兴的可再生能源，可通过源网荷储模式实现更高效的能源利用，通过将高空风能与源网荷储模式结合起来可以提高风能发电的可靠性和稳定性，减少出力波动对电网的影响。

（1）源：高空风能发电系统作为能源生产单元，通过捕获高空风能进行发电，与传统风电相比，高空风能发电具有更高的能量捕获效率和更稳定的输出功率。

（2）网：将高空风能系统与电网进行互联，实现电力的双向输送。通过智能控制技术，可以实现对高空风能发电系统的实时监控和调度，优化电力传输和分配，实现多能源互补，提高能源系统的可靠性和稳定性。

（3）荷：引入可调节负荷，通过数据分析和预测，系统可以实时调整风力发电和储能设备的运行状态，实现对电力需求的实时响应和调节，并最大限度地提高能源利用效率。

（4）储：通过建设储能系统，可以将高空风能发电系统在风力强劲时产生的多余电力存储起来，在风力较弱时释放，保证电力供应的稳定性。储能系统还可以与智能电网进行联动，实现对电力供需的动态调节。

当前全球范围内的高空风能发电项目也在积极探索源网荷储模式的应用。例如，谷歌和壳牌等大型企业在高空风能发电技术的研发中，注重与智能电网和储能技术的结合，提升高空风能发电系统的整体效益。

高空风能作为一种新兴的可再生能源技术，具有广阔的发展前景和巨大的市场潜力，其市场需求主要由能源需求增长、环境保护压力、技术进步和政策支持等因素驱动，世界各国正不断加强技术研发，推动高空风能技术的创新和进步，以实现高空风能资源的高效利用和可持续发展。

# 8.2　应用展望

纵观当前高空风力发电领域的技术路线与实现方案，伞梯陆基 AWES 已实现了兆瓦级原型机研制与测试，固定翼空基 AWES、固定翼陆基 AWES、柔性伞陆基 AWES 等多种技术路线已实现了数百千瓦级原型机研制与测试，高空风力发电各种技术路线已具备初步商业化应用的基础。

## 8.2.1　技术挑战

当前，世界各国正不断加强资金与政策支持，推动高空风力发电技术蓬勃发展，各类新技术路线与原型机陆续问世，高空风力发电正成为新能源发电领域的一片研究热土。但综合评估高空风力发电技术的发展现状，距成熟应用尚存在一定距离，同时也面临着不少的技术挑战，包括设备轻量化、提升综合效率、飞行稳定控制、防缠绕技术等多方面。

### 8.2.1.1　设备轻量化

无论陆基还是空基技术路线，均要求设备尽可能的轻量化，尤其是空中飞行设备与缆绳的轻量化，以降低发电过程中的能量消耗，从而降低对高空风资源的技术要求，以便在多种应用场景下提高高空风力发电技术的适应性。为此，引入了高空风力发电机组功重比的概念，功重比即整机发电功率与空中设备重量之比，通过关注功重比指标，从样机概念设计阶段便充分考虑设备轻量化的应用需求，研制具有高功重比的高空风力发电样机。陆基高空风力发电装置的发电设备在部署地面，相比于空基技术线路，具有天然的高功重比特点，在单机容量大型化与多机规模化集成方面均具有优势。

### 8.2.1.2　提升综合效率

综合效率是决定高空风力发电技术从理论研究到工程应用转换的关键指标。在理论研究阶段，研究者大多重点关注的是验证高空风力发电技术原理的正确性，以高空风力发电装置能够发出电能为主要目标。当进入工程应用阶段，需要从高空风力发电装置年发电量、年利用小时数、单位度电成本等多方面考量，此时综合效率指标就会愈发重要。提高综合效率，需要从提高捕风效率、空地能量转换效率与发电效率等多个角度同时开展优化设计。同时，优化飞行轨迹与控制，实现高空风能最大功率跟踪，也有助于提升综合效率。空基高空风力发电装置的发电设备在部署飞行器上，在空中直接实现风能、机械能、电能的转换，由于大幅压缩了机械能转换环节，相比于陆基技术线路，具有天然的高综合效率特点。

### 8.2.1.3　飞行稳定控制

无论陆基还是空基技术路线，在发电过程中空中组件均是动态运行的，为保证系统安全与稳定，需要采用先进的飞行控制技术，确保系统在复杂气象条件下稳定飞行并捕获风能。通过引入先进的智能控制算法和传感器技术，对系统的飞行状态进行实时监测和控制，确保系统在各种条件下都能稳定运行。

### 8.2.1.4　防缠绕技术

当高空风力发电技术朝向规模化应用时，不可避免地面临不同机组之间飞行组件的缠绕问题。为节省占地面积，最大限度提升高空风力发电项目的空间利用率与互补效应，对高空风力发电机组之间的布置距离提出了一定技术要求，因此需要研究小布置间距条件下的防缠绕问题，可以从两方面入手，一方面是在样机概念设计时增加主动防缠绕功能，如在飞行组件增加动力装置，在出现缠绕风险时启动动力装置以增大安全距离；另一方面是从优化布置与飞行控制角度入手，通过模拟复杂风况条件下的空中组件飞行轨迹，确定最小安全布置间距，同时在运行中优化飞行控制，降低缠绕风险，确保系统稳定性和多机组协同运行。

## 8.2.2　未来发展方向

### 8.2.2.1　规模化应用

高空风力发电机组占地面积小、绿色清洁，具有安全、可靠、稳定的商业应用潜力。针对单机 AWES 功率小、发电不连续的问题，实现规模化是推广高空风力发电技术的方向之一。高空风力发电技术在多种特定场景中展示出显著的应用优势。

1）复杂地形和资源有限区域

传统陆上风力发电机在山区、沙漠等地形复杂或资源稀缺的区域部署困难。相比之下，AWES 技术可利用高空稳定的风能资源，同时避免长距离输电的高成本和复杂性，可避开地面复杂的地形和障碍物，提供可靠的电力来源。

2）远离电网区域

在电网覆盖不到的地区，如偏远岛屿、油田和矿山等，规模化 AWES 可以作为一种可靠的分布式能源解决方案，减少了长距离输电线路带来的能量损失，同时降低了对传统能源的依赖程度。

3）多能互补场景

在大型风电、光伏新能源发电基地场景下，可采取"地面 + 空中"复合布置方式，通过优化风电机组、光伏子阵与高空风力发电机组布置，由高空风力发电系统利用风电、光伏设备上方的空域发电运行，可提高场址空间的综合利用，提高土地利用率，同时通过协调控制各电源的出力，实现多能互补运行。

在如何实现 AWES 规模化应用方面，需从两方面开展持续深入研究与测试，一是如何提升单机 AWES 的发电功率，但受限于 AWES 捕风面积一般较小，很难与传统地面风力发电机相比，这显著制约了单机 AWES 发电功率的提升空间；二是如何实现对多台 AWES 机组的规模化集成，以组成阵列式发电单元，通过对机组的协调控制，实现安全可靠地连续发电运行。

（1）提升单机 AWES 的发电功率。在提升单机 AWES 的发电功率方面，伞梯陆基 AWES 具有先天技术优势，中国能建中电工程安徽绩溪高空风能发电项目是世界首个采用伞梯陆基 AWES 技术的商业化电站，该项目总装机为 $2 \times 2.4$ 兆瓦，布置了两台单机 2.4 兆瓦 AWES 原型机，是当前 AWES 研究领域首台单机突破兆瓦级的原型机。

伞梯陆基 AWES 技术可以通过增加空中伞组尺寸与数量达到增加单机发电功率的目标，其地面设备除卷扬机外，传动轴、齿轮箱、发电机与变流器与现有陆上风力发电机组相似度高，地面设备单机功率达到 10 兆瓦级以上无技术障碍。因此，制约伞梯陆基 AWES 单机功率增大的主要因素为空中组件，包括伞组结构设计、开合伞控制技术与缆绳材料极限等。中国能建中电工程牵头承担了国家重点研发计划项目"大型伞梯陆基高空风力发电关键技术及装备"，该项目计划研制一套单机功率 10 兆瓦级伞梯陆基 AWES 装备并完成测试验证，预期将在国内外形成该技术路线的引领示范作用。

（2）多台 AWES 机组规模化集成。在多台 AWES 机组规模化集成方面，国内外高空风力发电研究机构提出了很多创新大胆的想法。中国能建中电工程针对伞梯陆基 AWES 技术提出了一种规模化集成方案，采用阵列式布置方式，可实现伞梯陆基 AWES 的规模化集成，见图 8-2。在满足机组安全运行所需最小避让距离的前提下，通过采用多列式布置方式，可实现多台伞梯陆基 AWES 机组的规模化集成，采用协同优化控制技术，灵活控制伞梯陆基 AWES 机组的上升下降运行方式，如采取"四上两下""三上三下"等方式，可实现规模化多 AWES 机组的持续正功率输出，充分发挥伞梯陆基 AWES 技术路线的优势。

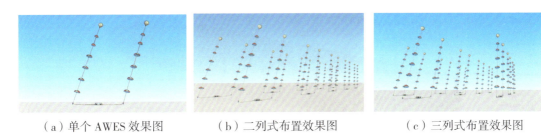

　（a）单个 AWES 效果图　　　（b）二列式布置效果图　　　（c）三列式布置效果图

图 8-2　伞梯陆基 AWES 规模化集成方案

德国 SkySails Power 公司以开发额定功率 80 千瓦的 PN-14 型 AWES 原型机为基础，提出了多机组合运行方案与占地面积预估[17]，如图 8-3 所示，采用多机平行布置方案，通过合理控制相邻机组的间距，在确保空中组件运行轨迹无相互干扰的前提下实现了多机紧凑化布置的目标。该方案的侧重点在于通过多机合理布置实现规模化集成。

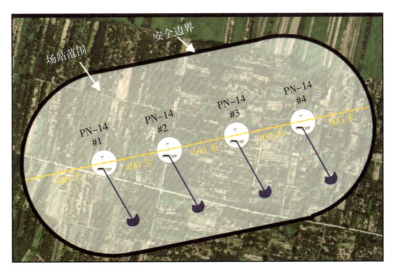

图 8-3　柔性伞陆基 AWES 规模化集成方案

美国 Joby Energy 公司提出了一种总功率达到 5 兆瓦的多机固定翼陆基 AWES 规模化集成方案设想[18]，如图 8-4 所示。同样采用多机平行布置方案，通过合理控制相邻机组的间距，确保空中组件运行轨迹无相互干扰，该方案最后通过电力汇流的方式，实现总功率的集成。

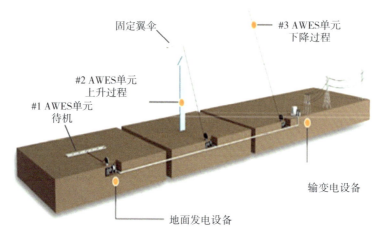

图 8-4　固定翼陆基 AWES 规模化集成方案

### 8.2.2.2　小型化应用

纵观当前高空风力发电领域的技术路线与实现方案，由于受到空中飞行组件的捕风能力限制，大多数研究机构研制的 AWES 原型机发电功率较低，单机额定功率在数十千瓦至数百千瓦，小型化的高空风力发电机组可适用的场景包括偏远地区、园区微电网、海上平台、应急和救援供电等。小型 AWES 可采用车载或预制舱式集成方案，满足向一般家庭用户或小型微电网的供电要求。当 AWES 为离网型用户或微电网供电时，可考虑配置一定容量的储能以保持电力系统稳定，此时需要对 AWES 与储能的出力进行协调控制，以维持电网的发用电功率平衡；当 AWES 为并网型用户或微电网供电时，外部电网作为支撑性电源，AWES 可采用"自发自用，余电上网"方式，此时可最大限度地接纳 AWES 新能源电力，降低外购电费。

根据高空风力发电技术路线的不同，固定翼空基 AWES、陆基固定翼 AWES、柔性伞陆基 AWES 等多种技术路线均朝着小型化商业应用方向前进。下面结合各类原型机的技术特点，分别介绍小型化方案设想。

1）固定翼空基 AWES 方案

美国 Makani 公司研制出的固定翼空基 M600 型 AWES 原型机已完成了陆地与海上的测试，M600 型 AWES 原型机主要由包含 8 台风力涡轮的飞行器、可导电复合线缆、地面辅助设备、塔架组成，如图 8-5 所示。在陆地应用场景下，M600 原型机的塔架固定安装于地面[19]，地面设备主要包含塔架、电力变换设备与并网设备，地面系统较为简单，方便移动与拆除，可灵活部署在电力系统用户侧或微电网周边，实现所发电力的就近消纳。而在海上应用场景下，塔架安装在海上浮动平台上，海上浮动平台则采用海上风电机组浮动式桩基技术以实现在海面的漂浮[8]。

（a）海上部署[8]　　　　　　　　　　　　（b）陆上部署[19]

图 8-5　M600 型固定翼空基 AWES 原型机照片

2）固定翼陆基 AWES 方案

荷兰 Ampyx Power 公司研制出了一款固定翼陆基 AP3 型 AWES 原型机[9]，如图 8-6（a）所示。AP3 型 AWES 原型机额定功率为 150 千瓦，主要由飞行器、缆绳、地面卷扬设备、发电机与变流器组成，其中飞行器翼展达到 12 米，安装有两个螺旋桨，飞行器重量为 400 千克，可提供 4200 千克的升力，最大飞行高度约为 200 米。AP3 型 AWES 原型机的飞行器通过在空中作周期性切风运动，牵引缆绳往复式运行，从而带动地面发电机组发电。

采用同样的技术路线，来自挪威的 Kitemill 公司研制出了一款类似的固定翼陆基 KM2 型 AWES 原型机[20]，如图 8-6（b）、图 8-6（c）所示。KM2 型 AWES 原型机额定功率为 100 千瓦，飞行器翼展达到 16 米，安装有四个螺旋桨。该型样机已经完成了 500 多次试飞，创造了连续运行 5 小时内飞行轨迹覆盖 500 多千米的记录。

（a）AP3 型 AWES 原型机

（b）KM2 型 AWES 原型机

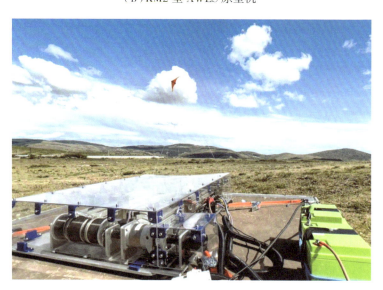

（c）地面系统设备照片

图 8-6　固定翼陆基 AWES 原型机照片

3）柔性伞陆基 AWES 方案

德国 SkySails Power 公司研制出了一款柔性伞陆基 SKS PN-14 型 AWES 原型机[17]如图 8-7 所示。在风的推动下，柔性伞以"八字形"螺旋式上升，当达到预定高度后，开始按照固定轨迹作切风运动，从而牵引绞盘驱动发电机发电。系统不断重复这个过程，在 200~800 米的高度往复式运行实现连续发电。

图 8-7　SKS PN-14 型柔性伞陆基 AWES 原型机

SKS PN-14 型 AWES 原型机额定功率为 80 千瓦，最大飞行高度约 800 米，运行风速范围 4~25 米 / 秒。该原型机主要由柔性伞、缆绳、地面卷扬设备、发电机与变流器组成，其中柔性伞面积约为 90 平方米，地面设备可集成在 30 英尺（约 9.144 米）标准预制舱内。

柔性伞陆基 AWES 方案是当前高空风力发电领域最为成熟的技术路线，已于 2021年实现首次商业化部署，在偏远地区、矿区、远洋轮船供电与工业园区能源清洁替代等场景下实现了小型化应用[17]，见图 8-8。在工业园区能源清洁替代场景下，通过部署柔性伞陆基 AWES，可实现工业园区的柴油机替代，降低二氧化碳排放量，与光伏储能一起组成 100% 新能源电力微电网；在偏远地区供电场景下，因偏远或地形复杂传统电源难以建设的地区，通过部署柔性伞陆基 AWES 实现电力供应，当不需要时，可方便地移动拆除；在远洋轮船供电场景下，通过将柔性伞陆基 AWES 部署在远洋轮船上，通过捕获航行过程中的海上风能，可实现 100% 清洁能源发电，每天可节省多达 10 吨燃料消耗。

（a）偏远地区供电                              （b）矿区供电

（c）远洋船供电                              （d）工业园区供电

图 8-8　SKS PN-14 柔性伞陆基 AWES 原型机商业化应用

## 8.3　结语

回顾全球高空风力发电技术发展与应用现状，高空风力发电系统正沿着大容量、多场景与商业化的发展路径快速更新迭代，高空风力发电系统具有模块化、方便部署、灵活移动等特点，尤为适用于"高海边无"（高原、海岛、边防、无人区）应用场景，可与传统火电、风电光伏新能源发电形成互补，具有良好的社会、经济与生态效益。当前陆基与空基高空风力发电技术路线蓬勃发展，各有特长。浮空器空基与固定翼空基路线在综合效率与发电连续性方面具有优势，但在大型化与安全性方面存在先天不足，较难实现规模化应用。伞梯陆基路线则在大型化与安全性方面具有优势，更容易实现数百兆瓦级大规模应用，可实现 300~3000 米高空风能的开发利用，有望成为今后高空风力发电技术的主流技术路线。

我国正在开展伞梯陆基高空风力发电技术的首次工程化实践，对推动高空风能领域技术创新和进步，形成自主可控、国际引领的高空风力发电技术和产业，推进能源领域高水平科技自立自强具有重大意义。

## 参考文献

［1］Bouckaert S, Pales A F, McGlade C, et al. Net zero by 2050: A roadmap for the global energy sector［J］. Energy Policy, 2021（152）: 1−20.

［2］国务院新闻办公室. 中国的能源转型［R］. 北京: 国务院新闻办公室, 2024.

［3］International Energy Agency. World energy outlook 2023［M］. Paris: International Energy Agency, 2023.

［4］Fetting C. The European green deal［J］. ESDN Report, 2020, 2（9）: 1−25.

［5］Marvel K, Kravitz B, Caldeira K. Geophysical limits to global wind power［J］. Nature Climate Change, 2013, 3（2）: 118−121.

［6］Beccario C. Earth Wind Map［EB/OL］.（2016−01−18）. http://earth.nullschool.net.

［7］广东高空风能技术有限公司［EB/OL］.［2025−04−30］. http://www.gdgkfn.com.

［8］Anderson M. Makani demos energy kites over the north sea［J］. IEEE Spectrum, 2019, 56（12）: 10−11.

［9］Ampyx Power［EB/OL］.［2025−04−30］.https://www.ampyxpower.com.

［10］Kitepower［EB/OL］.［2025−04−30］. https://www.thekitepower.com.

［11］IGFlugwind［EB/OL］.［2025−04−30］.https://www.igflugwind.de.

［12］Schmehl R. Airborne wind energy: advances in technology development and research［M］. Berlin: Springer, 2018.

［13］Watson S, Moro A, Reis V, et al. Future emerging technologies in the wind power sector: A European perspective［J］. Renewable and sustainable energy reviews, 2019（113）: 109270.

［14］IRENA. IRENA - International Renewable Energy Agency［EB/OL］［2025−04−30］. https://www.irena.org.

［15］Zillmann U, Bechtle P. Emergence and economic dimension of airborne wind energy［J］. Airborne wind energy: Advances in technology development and research, 2018（1）: 1−25.

［16］Van Hussen K，Dietrich E，Smeltink J，et al. Study on challenges in the commercialisation of airborne wind energy systems［J］. European Commission，2018（11）：1-30.

［17］SkySails Power. Wind Power：Unleashing its True Potential | SkySails Power［EB/OL］.［2025-04-30］.https://skysails-power.com.

［18］Joby Energy［EB/OL］.［2025-04-30］.http://www.jobyenergy.com.

［19］Calciolari G. Modelling and control tuning of an Airborne Wind Energy system with on-board generation［J］. Renewable Energy，2020（156）：1-15.

［20］Kitemill. Home［EB/OL］.［2025-04-30］.https://www.kitemill.com.